# 图解C++开发基础

## （案例视频版）

王石磊◎编著

U0275040

清华大学出版社

北京

## 内 容 简 介

本书循序渐进地讲解了 C++语言开发的核心知识，通过典型实例讲解了这些知识的具体用法。本书共分 14 章，内容包括 C++基础，C++基础语法，流程控制语句，函数，指针，数组、枚举、结构体和共用体，面向对象，多态、抽象类、重载，命名空间和作用域，模板，异常处理，文件操作处理，内存管理，开发窗体程序等。

本书内容全面，几乎涵盖了 C++语言所有知识点。不仅适合初学 C++的人员阅读，也适合计算机相关专业的师生阅读，而且还可供有经验的开发人员查阅和参考使用。

**图书在版编目(CIP)数据**

图解 C++开发基础：案例视频版 / 王石磊编著. --北京：清华大学出版社，2025. 3.

ISBN 978-7-302-68406-0

Ⅰ. TP312.8

中国国家版本馆 CIP 数据核字第 20259GP926 号

责任编辑：魏　莹
封面设计：李　坤
责任校对：马素伟
责任印制：沈　露
出版发行：清华大学出版社
　　　　　网　　址：https://www.tup.com.cn, https://www.wqxuetang.com
　　　　　地　　址：北京清华大学学研大厦 A 座　　　　邮　编：100084
　　　　　社 总 机：010-83470000　　　　　　　　　　邮　购：010-62786544
　　　　　投稿与读者服务：010-62776969, c-service@tup.tsinghua.edu.cn
　　　　　质量反馈：010-62772015, zhiliang@tup.tsinghua.edu.cn
印 装 者：涿州市般润文化传播有限公司
经　　销：全国新华书店
开　　本：185mm×230mm　　印　张：16.5　　　字　数：366 千字
版　　次：2025 年 4 月第 1 版　　　　　　印　次：2025 年 4 月第 1 次印刷
定　　价：79.00 元

产品编号：100532-01

# 前　　言

在当今数字化浪潮席卷全球的时代，计算机编程已不再仅仅是一项专业技能，而是成了一种不可或缺的全球性语言，其影响力正以前所未有的速度渗透到每一个行业、每一个领域。对于个人而言，掌握编程能力，就如同手持一把开启无限可能的钥匙，它不仅能为你打开通往高薪职业、前沿科技领域的大门，更能在全球化的竞争中赋予你独特的竞争力。而在这个快速发展的编程世界中，C++凭借其卓越的性能、强大的功能以及广泛的适用性，始终稳居软件开发领域的核心地位。

本书旨在为读者打开通向编程世界的大门，我们深知，编程的世界充满了未知与挑战，尤其是对于初学者来说，那些抽象的概念、复杂的逻辑和晦涩的代码，往往如同一座座难以逾越的高山。因此，本书采用了独特的图解方式，通过代码图解、知识点图解、流程图和框架图等多种形式，让读者能够直观地理解每一个概念、每一个逻辑，确保读者能够在轻松愉悦的学习过程中，逐步建立起扎实的编程基础。

## 本书特色

(1) 图解式教学，直观地讲解知识点

本书以图解为主要表现形式，将抽象的编程概念和复杂的流程以简洁明了的图表展示，帮助读者更加直观地理解和掌握知识点。

(2) 精彩故事引入，提高阅读兴趣

每一章节都从实际问题出发，通过生动的背景故事引入知识点，然后逐步展开详细的讲解和示例，让读者可以在轻松愉悦的阅读氛围中掌握重要的编程概念和技能。

(3) 代码图解，更加清晰

通过详细的代码示例，逐步演示C++编程的核心概念和实际应用。每段代码都伴随着解释和图解，确保读者能够深入理解每行代码的作用。

(4) 流程图和框架图，将知识点和实例化繁为简

复杂的编程流程和框架常常让人望而生畏，本书通过流程图和框架图的方式，将复杂的知识点和实例的实现过程拆解成易于理解的步骤，让读者轻松掌握编程思路。

(5) 提供在线技术支持，提高学习效率

书中每章均提供教学视频讲解，这些视频能够引导初学者快速入门，增强学习信心，从而快速理解所学知识，读者可通过扫描书中的二维码来获取视频讲解内容。此外，本书

的配套资源中还提供了全书案例源代码和 PPT 课件，读者可以通过扫描下方的二维码来获取。

源代码

课件

## 读者对象

- ❑ 初学者：如果你是编程领域的新手，尤其是对 C++编程毫无经验，本书将是你入门的理想选择。通过图解和实例，你将轻松掌握 C++的基础知识和核心语法。
- ❑ 编程爱好者：如果你对编程充满兴趣，希望了解 C++编程的原理和实际应用，本书提供了深入浅出的解释和丰富的实例，让你能够更加深入地了解这门语言。
- ❑ 其他编程语言开发者：如果你已经熟悉其他编程语言，想要学习 C++以扩展你的技能范围，本书可以帮助你快速了解 C++的特点和语法。
- ❑ 学生和教育工作者：本书对于计算机科学、软件工程等专业的学生非常有用。同时，教育工作者可以将本书作为教学参考，帮助学生更好地理解 C++编程的基础和高级概念。

## 致谢

在编写本书的过程中得到了家人和朋友的鼓励，十分感谢我的家人给予我的支持。由于本人水平有限，书中难免存在纰漏之处，敬请读者提出意见或建议，以便修订并使之更加完善。最后感谢读者购买本书，希望本书能成为你编程路上的领航者，祝阅读快乐！

编　者

# 目　录

# 第 1 章

## C++基础

C 语言是大中专院校计算机相关专业的基础课程之一。C++语言是对 C 语言的重大改进，C++的最大特点是通过"类"成为一门"面向对象"语言。本章将简要介绍学习 C++语言所必备的基础知识，为读者学习本书后面的知识打下基础。

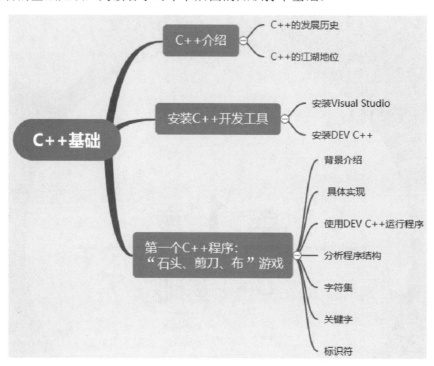

## 1.1 C++介绍

C++是在 C 语言的基础上发展起来的一种面向对象编程语言，C++这个词在国内程序员圈子中通常被读作"C 加加"，而欧美程序员通常读作"C Plus Plus"或"CPP"。C++是一种静态数据类型检查的、支持多重编程范式的通用程序设计语言，支持过程化程序设计、数据抽象、面向对象程序设计、制作图标、泛型等多种程序设计风格。

扫码看视频

### 1.1.1 C++的发展历史

C 语言起名为 C，主要是参考 B 语言，它的设计者认为 C 语言是 B 语言的改进版，因此就起名为 C 语言。但是 B 语言之所以被命名为 B 语言并不是因为之前还有个 A 语言，而是 B 语言的作者为了纪念他的妻子(他妻子的名字的首字母是 B)。C 语言发展过程中出现了一个版本 C with Classes，是 C++最早的版本。其特点是在 C 语言中增加了关键字 class 和类，那时有很多版本的 C 都希望在 C 语言中增加类的概念。为体现这个版本是 C 语言的进步，C 标准委员会以 C 语言中的自增运算符"++"为其命名，叫做 C++，并成立了 C++标准委员会。

在成立 C++标准委员会后，美国 AT&T 贝尔实验室的本贾尼·斯特劳斯特卢普博士，在 20 世纪 80 年代初期发明并实现了 C++最初的版本"C with Classes"。一开始 C++是作为 C 语言的增强版出现的，从给 C 语言增加类开始，不断地增加新特性，到后来的虚函数(Virtual Function)、运算符重载(Operator Overloading)、多重继承(Multiple Inheritance)、模板(Template)、异常(Exception)、运行时类型识别(RTTI)、命名空间(Name Space)等逐渐被加入标准。1998 年，国际标准组织(ISO)颁布了 C++程序设计语言的国际标准 ISO/IEC 1488-1998。C++是具有国际标准的编程语言，通常称作 ANSI/ISO C++。1998 年是 C++标准委员会成立的第一年，以后每 5 年视实际需要更新一次标准。

## 1.1.2　C++的江湖地位

在 TIOBE 编程语言社区排行榜中，Python 语言和 C 语言依然是最大的赢家。其实在最近几年的榜单中，程序员们早已习惯了 C 语言和 Python 的"二人转"局面。表 1-1 是最近两年榜单中的前 4 名排名信息。

表 1-1　2023—2024(截至到 2 月)语言使用率统计表

| 2024 年排名 | 2023 年排名 | 语言 | 2024 年使用率(%) | 相比 2023 年(%) |
| --- | --- | --- | --- | --- |
| 1 | 1 | Python | 15.16 | -0.32 |
| 2 | 2 | C | 10.97 | -4.41 |
| 3 | 3 | C++ | 10.53 | -3.40 |
| 4 | 4 | Java | 8.88 | -4.33 |

从统计表中可以非常直观地看出，最近两年，C++语言排名稳居第 3。在编程领域中，C++虽然不是使用率最高的语言，但却是一门能吸引众多程序员学习的语言。自推出至今，深受广大开发者的喜爱。其优势主要体现在如下 4 个方面。

◇　战绩辉煌，是一门全能的语言：首先，C++兼容 C 语言功能，C 语言能实现的功能，C++也能实现。因为 C++面向对象，所以还可以实现 C 语言所不能实现的功能。无论是桌面领域还是嵌入式领域，C++都拥有无可比拟的优势。至于战绩方面，腾讯旗下的聊天软件 QQ，工业设计的王者工具 AutoCAD，著名游戏"魔兽世界"

等都是用 C++开发的。

◇ 桌面应用领域优势巨大：所谓的桌面应用，狭义一点讲就是桌面应用程序，例如 Office、Photoshop 等。总得来说，目前在桌面领域，C++和 C#一直占据当前桌面开发语言的前两位。

◇ 嵌入式领域的乐土：在嵌入式开发领域，C++是永远的王者。例如在移动智能设备市场，如果打开近期比较火的 Android 系统源码，会发现其底层和内核都是用 C/C++实现的。

◇ 游戏开发领域的王者：对于一款游戏产品，因为可能需要同时满足海量的网络用户使用，所以运行速度是最重要的用户体验之一。因为 C++的高效率在 IT 界众人皆知，所以当前的主流游戏引擎都使用 C++实现，用 C++设计的游戏模式更加健全和高效。无论是开发计算机游戏还是手机游戏，C++都能占据极高的地位。

## 1.2 安装 C++开发工具

扫码看视频

工欲善其事，必先利其器。从事 C++开发工作也需要使用专业的开发工具。本节将详细介绍几种常用的 C++开发工具的安装方法和使用方法。

### 1.2.1 安装 Visual Studio

Visual Studio 目前最流行的版本是 Visual Studio 2019，主要包含 3 个版本：

◇ Enterprise(企业版)：这是功能最为强大的版本，能够提供点对点的解决方案，充分满足正规企业的要求，但价格最贵。

◇ Professional(专业版)：提供专业的开发者工具、服务和订阅。功能强大，价格适中，适合于专业用户和小开发团体。

◇ Community(社区版)：提供全功能的 IDE，完全免费，适用于一般开发者和学生。

安装 Microsoft Visual Studio 2019 企业版的步骤如下：

(1) 登录微软 Visual Studio 官网(https://visualstudio.microsoft.com/zh-hans/vs/)，如图 1-1 所示。单击"下载 Visual Studio"下拉框，选择 Enterprise 2019，下载 Visual Studio 2019 企业版。

(2) 弹出一个新页面，在新页面中会自动开始下载 Visual Studio 2019，如图 1-2 所示。如果不自动下载，则单击"单击此处重试"链接进行下载。

(3) 下载完成后，将得到一个 .exe 格式的可安装文件 vs_enterprise__41996049. 1572524837.exe，如图 1-3 所示。

图 1-1　微软 Visual Studio 官网

图 1-2　自动下载页面

vs_enterprise__41996049.1572524837...　　2019/11/6 23:29　　应用程序　　1,353 KB

图 1-3　可安装文件

(4) 右键单击下载文件 vs_enterprise__41996049.1572524837.exe，选择使用管理员模式进行安装。在弹出的界面中单击"继续"按钮，这表示同意了许可条款，如图 1-4 所示。

图 1-4　单击"继续"按钮

（5）　在弹出的"正在安装"界面选择你要安装的模块，建议读者选择安装如下模块：

✧　ASP.NET 和 Web 开发。

✧　使用 C++的桌面开发。

✧　通用 Windows 平台开发。

✧　.NET 桌面开发。

在上述各模块名字的下面，用小字对这个模块的功能进行了具体说明，如图 1-5 所示。

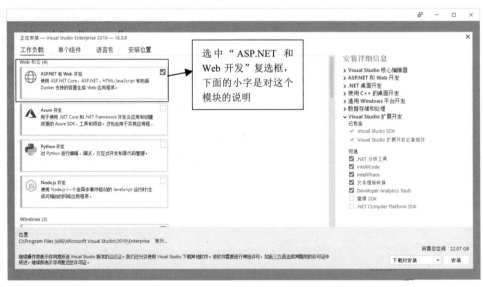

（a）选中"ASP.NET 和 Web 开发"复选框

图 1-5　"正在安装"界面

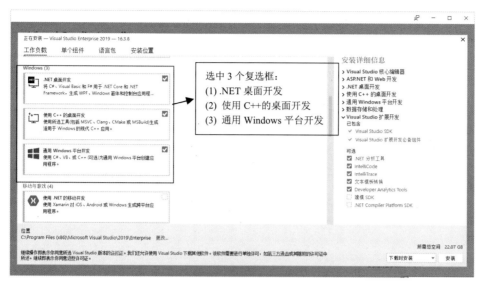

(b)　选中 3 个复选框

**图 1-5　"正在安装"界面(续)**

(6)　在左下角可以设置安装路径，不建议将 Visual Studio 2019 安装在系统硬盘中，因为这样会影响计算机速度。单击菜单栏的"安装位置"选项，可以设置安装 Visual Studio 2019 的位置，例如笔者安装在 F:\gongju\VS2019 目录中，如图 1-6 所示。

**图 1-6　设置安装 Visual Studio 2019 的位置**

（7）单击右下角的"安装"按钮后开始进行安装，此时会弹出安装进度界面，这个过程比较耗费时间，读者需要耐心等待，如图 1-7 所示。

（8）安装成功后的界面效果如图 1-8 所示。

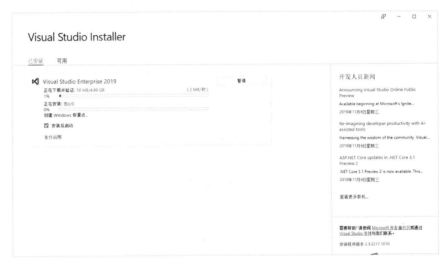

图 1-7　安装进度对话框

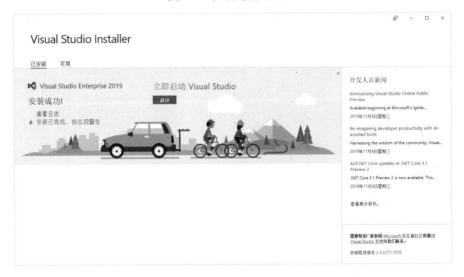

图 1-8　安装成功后的界面

（9）依次单击"开始"|"所有应用"中的 Visual Studio 2019 图标就可启动刚安装的 Visual Studio 2019，如图 1-9 所示。启动后的界面效果如图 1-10 所示。

(10) 在第一次启动 Visual Studio 时会弹出设置环境界面，因为本书讲解的是 C++语言，所以在"开发设置"选项中选择 Visual C++，如图 1-11 所示。通过选择"选择您的颜色主题"选项，可以根据个人喜好来设置 Visual Studio 的外观样式。

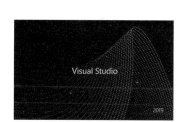

图 1-9　启动菜单　　　　图 1-10　启动界面　　　　图 1-11　设置环境界面

## 1.2.2　安装 DEV C++

如果计算机的配置不是很高，运行 Visual Studio 2019 会非常慢。因此我们给初学者推荐一款轻量级开发工具：DEV C++，安装后只有几十兆，非常适合初学者使用。DEV C++ 具备图形视图界面，比较容易操作。下载并安装 DEV C++的基本流程如下：

(1) 在百度中搜索并下载 DEV C++安装包，双击下载的可执行安装文件进行安装，首先弹出选择语言界面，在此选择默认选项 Chiness(Simplified)，如图 1-12 所示。

(2) 单击 OK 按钮后弹出"许可证协议"界面，如图 1-13 所示，在此单击"我接受"按钮。

图 1-12　选择语言　　　　　　　图 1-13　许可证协议界面

(3) 在弹出的"选择组件"界面中选中要安装的组件,如图 1-14 所示。在此建议按照默认设置进行安装,然后单击"下一步"按钮。

(4) 在弹出的界面中选择安装路径,如图 1-15 所示。

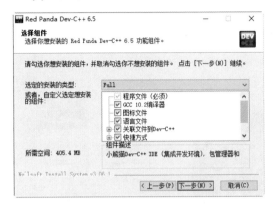

图 1-14 "选择组件"界面

图 1-15 选择安装路径

(5) 单击"安装"按钮开始进行安装,安装完成后打开 DEV C++,开发界面如图 1-16 所示。

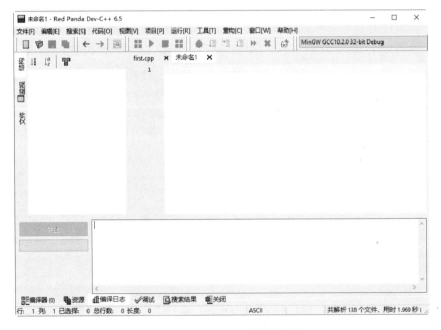

图 1-16 DEV C++的开发界面

# 1.3　第一个 C++ 程序："石头、剪刀、布"游戏

扫码看视频

## 1.3.1　背景介绍

　　如果有人问我在大学生活中最好玩的事情是什么，我会毫不犹豫地说是打扫宿舍卫生。每当宿舍卫生惨不忍睹时，4 名宿舍成员分成两组进行"石头、剪刀、布"游戏，5 局 3 胜制，两名失败者继续游戏，再次失败者负责打扫卫生。本程序将展示使用 C++ 开发一个"石头、剪刀、布"游戏的过程，向读者展示 C++ 语言的魅力。

## 1.3.2　具体实现

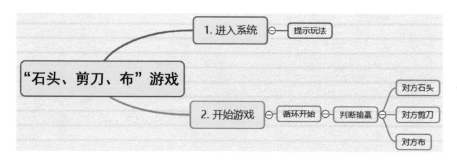

项目 1-1　　"石头、剪刀、布"游戏（源码路径：daima/1/first.cpp）

本项目的实现文件为 first.cpp，具体代码如下所示。

```cpp
#include <iostream>
#include<stdlib.h>
#include<time.h>
#include<conio.h>
using namespace std;
```
导入头文件

```cpp
int main()
{
int i,j,k,l,n,m;
```

进入游戏，并给出游戏玩法的提示

```cpp
cout<<"欢迎进入石头、剪刀、布小游戏\n"<<"请输入石头(0)剪刀(1)布(2):"<<endl;
cout<<"按任意键开始"<<endl;
getch();
cout<<"如果结束游戏输入除 0~2 的任意数\n"<<endl;
l=0,k=0,j=0,i=0;
while(1)
{
    i++;                            //每进行完一局局数自动加1
    cout<<"********第"<<i<<"局********"<<endl;   //第 i 局
    cout<<"请选择";
    cin>>n;
```

如果输入大于 3 的数值则退出游戏，并打印输出战况信息

```cpp
    if(n>=3)
    {
        cout<<"你选择了退出游戏，游戏结束\n 你的最终成绩:";
        cout<<"赢"<<k<<"次,输"<<l<<"次，平"<<j<<"次"<<endl;break;
    }
    srand((unsigned)time(NULL));
    m=rand()%3;
```

生成 0~2 之间的随机数，作为计算机出的拳(数字)

```cpp
    if(m==0)
        cout<<"对方出了石头"<<endl;
    else if(m==1)
    {
        cout<<"对方出了剪刀"<<endl;
    }
    else
    {
        cout<<"对方出了布"<<endl;
    }
    if(n==0&&m==1)
    {
        cout<<"恭喜你，你赢了！"<<endl;
        k++;
```

判断输赢:比较系统随机数与你输入的数字

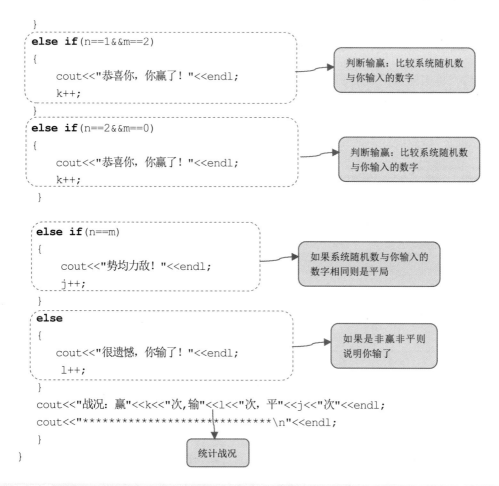

```
    }
    else if(n==1&&m==2)
    {
        cout<<"恭喜你,你赢了!"<<endl;
        k++;
    }
    else if(n==2&&m==0)
    {
        cout<<"恭喜你,你赢了!"<<endl;
        k++;
    }

    else if(n==m)
    {
        cout<<"势均力敌!"<<endl;
        j++;
    }
    else
    {
        cout<<"很遗憾,你输了!"<<endl;
        l++;
    }
    cout<<"战况:赢"<<k<<"次,输"<<l<<"次,平"<<j<<"次"<<endl;
    cout<<"************************\n"<<endl;
    }
}
```

判断输赢:比较系统随机数与你输入的数字

判断输赢:比较系统随机数与你输入的数字

如果系统随机数与输入的数字相同则是平局

如果是非赢非平则说明你输了

统计战况

—— 注意 ——

本项目用到了随机函数 rand(),即随机生成不同的数字(0,1,2),这样保证每次游戏者与计算机对决计算机不会出同样的拳(数字),因为数字的变化和输入数字的不同,程序要用到选择判断语句,考虑用 if 语句,为了每次对决后能继续游戏,程序应用到循环,可用 while 语句来实现循环。

游戏玩家根据需要输入 0 到 2 之间的数字代表石头、剪刀、布,若出石头(输入 0),计算机出剪刀(即计算机随机生成的数字为 1),则游戏者赢,计算机输了。同理,根据石头赢剪刀,剪刀赢布,布赢石头的规则,游戏者每一次与计算机对决,分出输赢。

### 1.3.3 使用 DEV C++运行程序

（1）依次单击窗口顶部菜单栏中的"文件"|"打开项目或文件"命令，可以直接打开前面项目 1-1 中的文件 first.cpp，打开后的界面效果如图 1-17 所示。

（2）单击菜单栏中的"运行"菜单项，如图 1-18 所示。通过"编译"命令可以编译当前程序，通过"编译运行"命令可以对当前文件同时执行编译和运行操作。

图 1-17　DEV C++打开 C 程序文件　　　　　　　　图 1-18　"运行"菜单

（3）使用 DEV C++编译运行文件 first.cpp 后，执行结果如下：

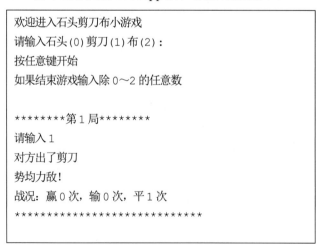

```
欢迎进入石头剪刀布小游戏
请输入石头(0)剪刀(1)布(2)：
按任意键开始
如果结束游戏输入除0~2的任意数


********第1局********
请输入1
对方出了剪刀
势均力敌！
战况：赢0次，输0次，平1次
***************************
```

```
********第 2 局********
请输入 2
对方出了剪刀
很遗憾，你输了!
战况：赢 0 次，输 1 次，平 1 次
****************************


********第 3 局********
请输入 2
对方出了剪刀
很遗憾，你输了!
战况：赢 0 次，输 2 次，平 1 次
****************************


********第 4 局********
请输入 5
你选择了退出游戏，游戏结束
你的最终成绩：赢 0 次，输 2 次，平 1 次
```

## 1.3.4　分析程序结构

本小节以项目 1-1 的源代码为例介绍 C++程序的结构组成。

### 1. 头文件

在项目 1-1 中有如下头文件，头文件的内容跟普通.cpp 文件中的内容是一样的，都是 C++源代码。但头文件不用被编译。我们把所有的函数声明全部放进一个头文件中，当某一个.cpp 源文件需要它们时，它们就可以通过一个宏命令"#include"包含进这个.cpp 文件中，从而把它们的内容合并到.cpp 文件中去。当.cpp 文件被编译时，这些被包含进去的.h 文件的作用便发挥了。

```cpp
#include <iostream>
#include<stdlib.h>
#include<time.h>
#include<conio.h>
using namespace std;
```

### 2. 注释

注释可以帮助其他人员阅读程序，通常用于概括算法、确认变量的用途或者阐明难以理解的代码段。注释并不会增加可执行程序的大小，编译器会忽略所有注释。在 C++中有两种类型的注释：单行注释和成对注释。

(1) 单行注释

单行注释以双斜线(//)开头，行中处于双斜杠右边的内容是注释，会被编译器忽略。例如：

```
m=rand()%3;              //函数 rand()生成 0、1、2 三个随机数
```

(2) 成对注释

成对注释也叫注释对(/**/)，是从 C 语言继承过来的。这种注释以"/*"开头，以"*/"结尾，编译器把落入注释对"/**/"之间的内容作为注释。任何允许有制表符、空格或换行符的地方都可以放注释对。注释对可跨越程序的多行，但不是一定要如此。当注释跨越多行时，最好能直观地指明每一行都是注释的一部分。我们的风格是在注释的每一行以星号开始，指明整个范围是多行注释的一部分。例如：

```
/*调用函数 rand()
*函数功能：生成 0、1、2 三个随机数
*/
m=rand()%3;
```

多行注释

在 C++程序中通常混用上述两种注释形式，具体说明如下：

◇  注释对：一般用于多行解释；
◇  双斜线注释：常用于半行或单行的标记。

> **注意**
>
> 太多的注释混入程序代码可能会使代码难以理解，通常是将一个注释块放在所解释代码的上方。当改变代码时，注释应与代码保持一致。程序员即使知道系统其他形式的文档已经过期，还是会信任注释，认为它会是正确的。错误的注释比没有注释更糟，因为它会误导后来者。

## 1.3.5  字符集

在计算机应用中，字符集只是一个规则的集合，在计算机编程语言中，字符集是组成语言语法的一个字符集合。程序员编写的源程序不能使用字符集以外的字符，否则编译系统无法识别。概括来说，可以用如下字符组成的字符集编写 C++程序：

- ❖ 大写、小写英文字母，共 52 个。
- ❖ 数字字符 0~9，共 10 个。
- ❖ 其他字符：+-*/%=!&|~^<>;:·?,.'"\()[]{}#_空格。

## 1.3.6　关键字

关键字也称保留字，是 C++语言中已经预定义了的标识符，这些关键字已经被 C++赋予了特殊的含义，常用的 C++关键字如表 1-2 所示。

表 1-2　C++关键字

| asm | default | float | operator | static_cast | union |
|-----|---------|-------|----------|-------------|-------|
| auto | delete | for | private | struct | unsigned |
| bool | do | friend | protected | switch | using |
| break | double | goto | public | template | virtual |
| case | dynamic_cast | if | register | this | void |
| catch | else | inline | reinterpret_cast | throw | volatile |
| char | enum | int | return | true | wchar_t |
| class | explicit | long | short | try | while |
| const | export | mutable | signed | typedef | override |
| const_cast | extern | namespace | sizeof | typeid | final |
| continue | false | new | static | typename | auto |

在项目 1-1 中，用到的关键字有 int、cout、if、cin、while 和 else 等。

## 1.3.7　标识符

C++标识符是用来标识变量、函数、类、模块或任何其他用户自定义项目的名称。例如在项目 1-1 的如下代码中，声明了 6 个 int 型变量，名字分别为 i、j、k、l、n、m，这 6 个变量名都是标识符。

```
int i,j,k,l,n,m;
```

因为在 C++中已经预定义了很多关键字(见表 1-2)，这些预定义的关键字不能作为其他对象的名字，所以不能随意给一个标识符命名。例如，int 是表示整型数据的保留字，不能在程序定义一个名为 int 的变量或函数。在 C++语言中使用标识符时，需要遵循如下命名规则：

&diams; 所有标识符必须由一个字母(a~z 或 A~Z)或下画线 "_" 开头，标识符的其他部分可以用字母、下画线或数字(0~9)组成。

&diams; 注意区分大小写，大小写字母表示不同意义，例如 cout 和 Cout 是不同的。

&diams; 建议不要使用太长的标识符。

&diams; 标识符应当直观且可以拼读，要达到望文知义的效果。标识符最好采用英文单词或其组合，便于记忆和阅读。

&diams; 在同一程序中不要出现相似的标识符，例如仅靠大小写区分的标识符。

&diams; 在标识符中不允许出现特殊字符，比如 @、& 和 %。

# 第 2 章

## C++基础语法

要想编写出规范、可读性高的 C++程序，就必须掌握 C++的基础语法知识。本章将详细讲解 C++语言的基础语法。

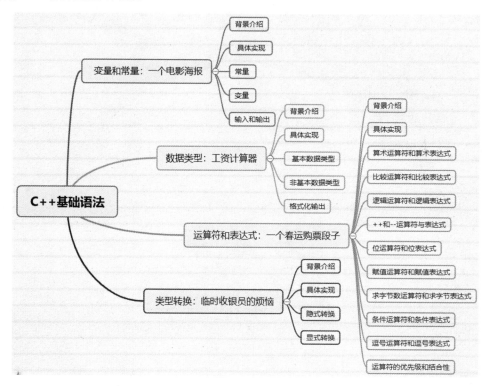

# 2.1 变量和常量：一个电影海报

扫码看视频

## 2.1.1　背景介绍

电影海报是影片上映前推出的一种招贴材料，用于介绍推广电影。电影海报中要含有电影的简单介绍，电影图片，影片导演，上映日期、配音演员、影片片名等内容。海报的语言要求简明扼要，形式要做到新颖美观。本程序将展示使用 C++打印输出某电影海报信息的方法，本项目用到了变量、常量的知识，也用到了第 1 章介绍的标识符、关键字和注释等知识。

## 2.1.2　具体实现

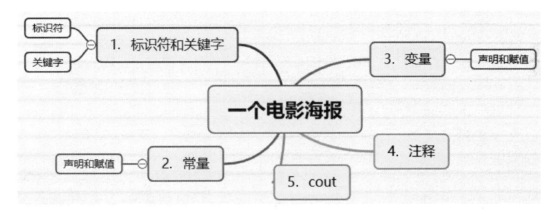

**项目 2-1**　一个电影海报(📝源码路径：daima/2/film.cpp)

本项目的实现文件为 film.cpp，具体代码如下所示。

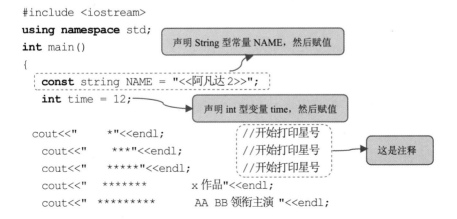

```
#include <iostream>
using namespace std;
int main()
{
    const string NAME = "<<阿凡达 2>>";
    int time = 12;

  cout<<"      *"<<endl;        //开始打印星号
    cout<<"     ***"<<endl;     //开始打印星号
    cout<<"    *****"<<endl;    //开始打印星号
    cout<<"   *******        x 作品"<<endl;
    cout<<"  *********        AA  BB 领衔主演 "<<endl;
```

声明 String 型常量 NAME，然后赋值

声明 int 型变量 time，然后赋值

这是注释

```
    cout<<"==============================="<<endl;
    cout<<"         探远古文明  寻历史真相"<<endl;
    cout<<time<<"月 15 日, "<<NAME<<"不见不散! "<<endl;
    cout<<"==============================="<<endl;
}
```

分别调用变量 time 和常量 NAME 的值

执行结果如下：

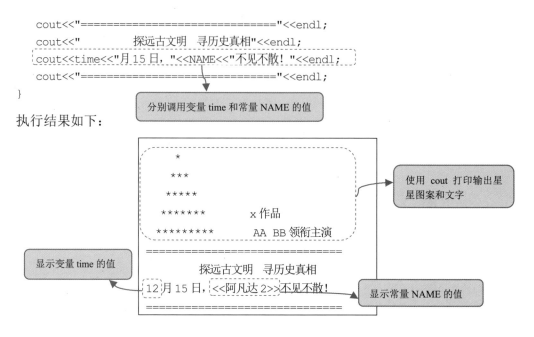

使用 cout 打印输出星星图案和文字

显示变量 time 的值

显示常量 NAME 的值

## 2.1.3　常量

在程序执行过程中，其值不发生变化的数据类型被称为常量，其值可以变化的数据类型被称为变量。在 C++中使用关键字 const 定义常量，并且经常用大写字母表示常量名。例如，在上面的项目"一个电影海报"中，NAME 就是一个常量。

```
const string NAME = "<<阿凡达 2>>";
```

使用关键字 constl 声明了一个 string 类型的常量,这个常量的名字是 NAME,并为其赋值为: <<阿凡达 2>>。

在程序文件 film.cpp 中，"<<阿凡达 2>>"这个值是固定不变的。

## 2.1.4　变量

在 C++程序中，将数值可以变化的量称为变量，在声明变量时必须为其分配一个数据类型。例如，在上面的项目"一个电影海报"中，time 就是一个变量。

```
int time = 12;
```

声明了一个 int 类型的变量,这个变量的名字是 time,并为其赋值为数字 12。

2-1：英超射手榜前三名的进球数(源码路径：daima/2/zheng.cpp)

2-2：某天猫旗舰店 618 的销售额(源码路径：daima/2/bian.cpp)

## 2.1.5　输入和输出

在 C++程序中可以使用 cin 和 cout 实现输入和输出功能，其中 cin 就是 C++标准类 istream 中的成员，而 cout 是 C++标准类 ostream 中的成员。因为 cin 和 cout 都在 <iostream> 头文件中声明，所以必须在 C++ 程序中引入头文件<iostream>后才可以使用 cin 和 cout。

### 1．cout 打印输出

在 C++程序中，可以使用 cout 打印输出指定的内容。使用 cout 的语法格式如下：

cout<<表达式1<<表达式2...<<表达式n;

其中"表达式 1、表达式 2、…、表达式 n"是显示在控制台界面中的内容，请看下面的代码：

cout<<"你好";　————→　功能是在控制台界面中打印输出文字"你好"

### 2．cin 获取输入

C++程序的输入会创建一个缓冲区，即输入缓冲区。一次输入过程是当键盘输入结束时会将输入的数据存入到输入缓冲区，而 cin 直接从输入缓冲区中取数据。使用 cin 的语法格式如下：

cout<<变量;

请看下面的代码：

```
double r=0.0;            //变量 r 表示半径
cout<<"请输入一个圆的半径"<<endl;
cin>>r;
```

在上述代码中，首先创建了 double 型变量 r 并赋值为 0.0，然后使用 cout 打印输出"请输入一个圆的半径"，当用户看到这则提示文字后，使用键盘输入一个小数表示半径，例如输入的是 1.2。按 Enter 键后，cin 会获取用户刚刚输入的数字 1.2，并将 1.2 这个值赋给变量 r。

## 2.2  数据类型：工资计算器

扫码看视频

### 2.2.1  背景介绍

　　舍友 A 利用业余时间在麦当劳打工赚零花钱，工作 1 个月后，明天是他发薪水的日子，他准备在学校旁的餐厅请大家吃饭，众舍友翘首以盼。此时舍友 A 正在计算他明天会获得多少工资。下面列出了麦当劳兼职生薪水待遇信息，也列出了舍友 A 上个月的出勤情况：

- ❖ 工作 20 天，每天 3 小时，1 小时 15 元；
- ❖ 请假 4 天，每天扣除 30 元；
- ❖ 交通补助每天 5 元，每月薪水按照实际出勤天数计算。

### 2.2.2  具体实现

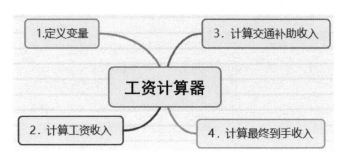

**项目 2-2**　工资计算器( 源码路径: daima/2/math.cpp)

本项目的实现文件为 math.cpp,具体代码如下所示。

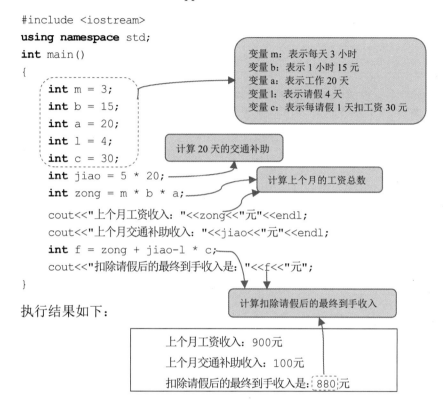

```cpp
#include <iostream>
using namespace std;
int main()
{
    int m = 3;
    int b = 15;
    int a = 20;
    int l = 4;
    int c = 30;
    int jiao = 5 * 20;
    int zong = m * b * a;
    cout<<"上个月工资收入: "<<zong<<"元"<<endl;
    cout<<"上个月交通补助收入: "<<jiao<<"元"<<endl;
    int f = zong + jiao-l * c;
    cout<<"扣除请假后的最终到手收入是: "<<f<<"元";
}
```

变量 m: 表示每天 3 小时
变量 b: 表示 1 小时 15 元
变量 a: 表示工作 20 天
变量 l: 表示请假 4 天
变量 c: 表示每请假 1 天扣工资 30 元

计算 20 天的交通补助

计算上个月的工资总数

计算扣除请假后的最终到手收入

执行结果如下:

上个月工资收入:900元
上个月交通补助收入:100元
扣除请假后的最终到手收入是:880元

## 2.2.3　基本数据类型

在 C++程序中内置提供了 7 种基本数据类型,每种数据类型对应的关键字如表 2-1 所示。

表 2-1　基本数据类型

| 数据类型 | 关 键 字 |
| --- | --- |
| 布尔型 | bool |
| 字符型 | char |
| 整型 | int |
| 浮点型 | float |

续表

| 数据类型 | 关 键 字 |
|---|---|
| 双浮点型 | double |
| 无类型 | void |
| 宽字符型 | wchar_t |

在表 2-1 列出的基本数据类型中，其中整型 int、浮点型 float、双浮点型 double 是表示数字的，通常被称为数字型。在 C++程序中，数字型是指能够进行数学运算的数据类型。整型数字可以用十进制、八进制、十六进制等 3 种进制表示。根据整型字长的不同，又可以分为短整型、整型和长整型。表 2-2 列出了在 32 位编译器中的基本数据类型所占空间的大小和取值范围。

表 2-2　C++基本数据类型说明

| 数据类型名称 | 别　名 | 取值范围 |
|---|---|---|
| int | signed，signed int | 由操作系统决定，即与操作系统的"字长"有关 |
| unsigned int | unsigned | 由操作系统决定，即与操作系统的"字长"有关 |
| __int8 | char，signed char | –128 到 127 |
| __int16 | short，short int，signed short int | –32,768 到 32,767 |
| __int32 | signed，signed int | –2,147,483,648 到 2,147,483,647 |
| __int64 | 无 | –9,223,372,036,854,775,808 到 9,223,372,036,854,775,807 |
| bool | 无 | false 或 true |
| char | signed char | –128 到 127 |
| unsigned char | 无 | 0 到 255 |
| short | short int，signed short int | –32,768 到 32,767 |
| unsigned short | unsigned short int | 0 到 65,535 |
| long | long int，signed long int | –2,147,483,648 到 2,147,483,647 |
| long long | none (but equivalent to __int64) | –9,223,372,036,854,775,808 到 9,223,372,036,854,775,807 |

| 数据类型名称 | 别　名 | 取值范围 |
|---|---|---|
| unsigned long | unsigned long int | 0 到 4,294,967,295 |
| enum | 无 | 由操作系统决定，即与操作系统的"字长"有关 |
| float | 无 | 3.4E +/- 38(7 digits) |
| double | 无 | 1.7E +/- 308(15 digits) |
| long double | 无 | 1.7E +/- 308(15 digits) |
| wchar_t | wchar_t | 0 到 65,535 |

◢注意◣

　　C++数据类型的取值范围和占用字节数的大小跟具体计算机有关，例如在 32 位操作系统和 64 位操作系统中的结果会不相同。

1. 整型

　　整型用 int 表示，短整型只需在前面加上 short，长整型只需在前面加上 long 即可。根据有无符号，还可以分为有符号型和无符号型，分别用 signed 和 unsigned 来修饰。

◢注意◣

　　在通常情况下，可以省略不写 signed，系统会默认为有符号类型。但是为无符号型时，如果不写，有的编译器就会报错，有的则不会，例如数字 1。如果被定义为 int，系统会用 16 位来存储，如果定义为 long，则用 32 位来存储。

　　为了提高系统的可移植性，一般不会直接使用表 2-2 中的取值范围，只需直接使用在头文件 limits.h 中定义的整型宏定义值即可。具体说明如表 2-3 所示。

表 2-3　整型宏定义

| 类型/符号 | 有符号型 | | 无符号型 | |
|---|---|---|---|---|
| | 最大值 | 最小值 | 最大值 | 最小值 |
| short int | SHRT_MAX | SHRT_MIN | USHRT_MAX | |
| int | INT_MAX | INT_MIN | UINT_MAX | |
| long int | LONG_MAX | LONG_MIN | ULONG_MAX | |

### 2．浮点型

浮点型是可以表示分数或小数的数据类型，在编程术语上称之为浮点数。在 C++程序中，浮点型包括单精度(float)数、双精度(double)数、长双精度(long double)数 3 种。浮点型数据有小数表示法和指数表示法两种表示方式，具体说明如下：

 ✧ 小数表示法：浮点数据的小数表示法，由整数和小数两部分组成，中间用十进制的小数点隔开。字符 f 或 F 作为后缀表示单精度数。例如：

```
float aa=2.71988f;
double bb=.86;
long double cc=5.69L;
```

变量 aa：单精度数
变量 bb：双精度数，系统默认类型
变量 cc：长双精度数

 ✧ 指数表示法(科学记数法)： 浮点数据的指数表示法，由尾数和指数两部分组成，中间用 E 或 e 隔开。例如：

```
3.6E2               //表示 3.6×10², 也就是 360
1E-10               //表示 10⁻¹⁰
```

▌ 注意 ▌

指数表示法必须有尾数和指数两部分，并且指数只能是整数。双精度浮点数和单精度浮点数的区别只是在所表示的范围上，两者的表示方式是一样的。

### 3．逻辑型

逻辑型是用来定义逻辑性数据的类型，在逻辑判断中只存在两个值，即真和假。为了实现逻辑判断功能，C++提供了布尔类型 bool，该数据类型的取值有两个：true 和 false，即分别表示真和假。布尔类型数据可以按整数类型对待，true 表示 1，false 表示 0。例如：

```
bool dd=true;
bool ee=false;
```

分别为逻辑型变量 dd 和 ee 赋值

### 4．字符型

在 C++语言中，字符型包括普通字符和转义字符。

(1) 普通字符：普通字符常量是由一对单引号括起来的单个字符，在下面的代码中，a 和 A 是两个不同的常量：

```
char ff='a';
char gg='A';
```

(2) 转义字符：转义字符是一种特殊表示形式的字符常量，是以'\'开头，后跟一些字符组成的字符序列，表示一些特殊的含义。在 C++语言中，存在如下常用转义字符：

- ◇　\'：单引号。
- ◇　\"：双引号。
- ◇　\\：反斜杠。
- ◇　\0：空字符。
- ◇　\a：响铃。
- ◇　\b：后退。
- ◇　\f：走纸换页。
- ◇　\n：换行。
- ◇　\r：回车。
- ◇　\t：水平制表符。
- ◇　\v：垂直制表符。
- ◇　\xhh：表示 1 到 2 位的十六进制数。

## 2.2.4　非基本数据类型

除了前面介绍的基本数据类型外，在 C++中还有以下几种常用的非基本数据类型。

**1．数组**

数组(array)是有序的元素序列，在 C++程序中，为了处理方便，把具有相同类型的若干元素按有序的形式组织起来，这些有序排列的同类数据元素的集合称为数组。例如，可以创建一个 int 类型数组，在这个数组里面只能保存多个整数，而不能保存字母或浮点型数据。

**2．指针**

在同一 CPU 构架下，不同类型的指针变量所占用的存储单元长度是相同的，而存放数据的变量因数据的类型不同，所占用的存储空间长度也不同。有了指针以后，不仅可以对数据本身进行操作，还可以对存储数据的变量地址进行操作。指针描述了数据在内存中的位置，它指向存储空间的起始位置，并表示从该位置开始的相对距离值。

**3．结构体**

结构体(struct)是由一系列具有相同类型或不同类型的数据构成的数据集合，在结构体中可以保存多个不同类型的成员。例如，可以保存一个 int 型成员、一个 float 型成员等。

◆注意◆

　　除了上述非基本类型外，在 C++中还有类、枚举、联合体等其他种类的数据类型，所有的非基本数据类型将在本书后面的内容中进行详细讲解。

## 2.2.5　格式化输出

　　有时我们希望按照一定的格式输出数据，如按十六进制输出整数，输出浮点数时保留小数点后面两位，输出整数时按 6 个数字的宽度输出，宽度不足时左边补 0 等。在 C++程序中，cout 使用流操作算子(也可以叫做格式控制符)或者成员函数设置输出内容的格式。

### 1. 使用流操作算子

　　C++中常用的输出流操作算子如表 2-4 所示，它们都是在 C++标准库的头文件 iomanip中定义的。

表 2-4　C++ 流操作算子

| 流操作算子 | 作　　用 |
| --- | --- |
| *dec | 以十进制形式输出整数 |
| hex | 以十六进制形式输出整数 |
| oct | 以八进制形式输出整数 |
| fixed | 以普通小数形式输出浮点数 |
| scientific | 以科学记数法形式输出浮点数 |
| left | 左对齐，即在宽度不足时将填充字符添加到右边 |

### 2. 调用 cout 的成员函数

　　在 C++标准库的类 ostream 中有一些成员函数，通过 cout 调用这些函数也能控制输出内容的格式，其作用和流操作算子相同，如表 2-5 所示。

表 2-5　ostream 类的成员函数

| 成员函数 | 作用相同的流操作算子 | 说　　明 |
| --- | --- | --- |
| precision(n) | setprecision(n) | 设置输出浮点数的精度为 n |
| width(w) | setw(w) | 指定输出宽度为 w 个字符 |

续表

| 成员函数 | 作用相同的流操作算子 | 说　明 |
|---|---|---|
| fill(c) | setfill (c) | 在指定输出宽度的情况下,输出的宽度不足时用字符 c 填充(默认情况是用空格填充) |
| setf(flag) | setiosflags(flag) | 将某个输出格式标志置为 1 |
| unsetf(flag) | resetiosflags(flag) | 将某个输出格式标志置为 0 |

実例 2-1　计算圆的面积( 源码路径：daima/2/area.cpp)

本实例的实现文件为 area.cpp,在代码中定义了 double 类型常量 PI 表示圆周率,并赋值为 3.14159,然后根据公式计算半径为 r 的圆的面积 area。代码如下：

```cpp
#include <iostream>
using namespace std;
int main() {
    const double PI=3.14159;
    double r=0.0;
    cout<<"请输入一个圆的半径，程序会自动计算这个圆的面积！"<<endl;
    cin>>r;            //从命令行读入半径的值
    double area;
    area=PI*r*r;
    cout.precision(12);    //控制保留位数
    cout<<"这个圆的面积是"<<area<<endl; //输出变量 area 的值
    return 0;
}
```

double 型常量 PI 表示圆周率, double 型变量 r 表示半径

double 型变量 area 表示面积,然后计算面积

在上述代码中,用常量 PI 保存了圆周率的值 3.14159。编译执行后首先要求输入一个圆的半径,例如输入 3.33333：

```
请输入一个圆的半径，程序会自动计算这个圆的面积！
3.33333
```

按 Enter 键后输出显示这个半径对应的面积：

```
这个圆的面积是 34.9064857425
```

如果删除如下代码行：

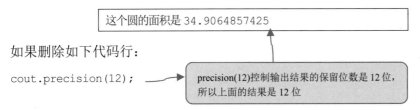

```
cout.precision(12);
```

precision(12)控制输出结果的保留位数是 12 位,所以上面的结果是 12 位

此时执行结果如下：

> 这个圆的面积是 34.9065

如果不使用函数 precision()，则输出结果是 double 类型的默认精度，即 4 位小数 34.9065，最后一位是四舍五入后的结果

## 2.3 运算符和表达式：春运购票

扫码看视频

### 2.3.1 背景介绍

春运，每年一次。抢票主要有网上抢票、电话订票、排队买票三种方式。本程序将使用 C++语言简略展示小王的这次购票历程。

## 2.3.2　具体实现

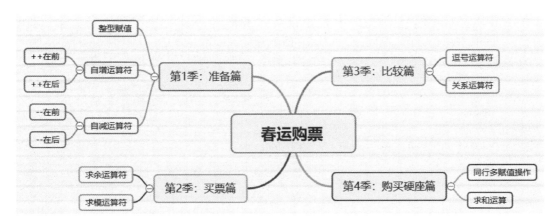

**项目 2-3**　春运购票(📁源码路径：daima/2//DuringSpring.cpp**)**

本项目的实现文件为 DuringSpring.cpp，具体代码如下所示。

```
#include <iostream>
using namespace std;
int main() {
    cout<<"---一个春运买票的故事,如有雷同,纯属巧合! ---\n"<<endl;
    cout<<"---第 1 季: 准备篇---"<<endl;
    cout<<"在一个美好的日子里,小王登录了买票APP! "<<endl;
    int a=100,b;
    b=a++;
    cout<<"当时囊中羞涩,只有"<<b<<"元钱,"<<endl;
    a=100;
    b=++a;
    cout<<"舍友救济给我 1 元后,拥有了巨额资金"<<b<<"元钱,开始买票。"<<endl;
    a=100;
    b=a--;
    cout<<"在买票前买了一个优惠券,还剩"<<b<<"元钱。\n"<<endl;

    cout<<"---第 2 季: 买票篇---\n"<<endl;
    int number,i,j,k,m;
    cout<<"想要在回家路上舒服一点,看看卧铺吧!!! "<<endl;
    number = 999;
```

直接打印输出，后面的"\n"代表换行

声明两个整型变量 a 和 b，赋值变量 a 的值是 100，b 的值是 a++

输出变量 b 的值

对变量 a 和 b 重新赋值，将变量 a 放在自增符号后面

对变量 a 和 b 重新赋值，将变量 a 放在自减符号前面

输出变量 b 的值

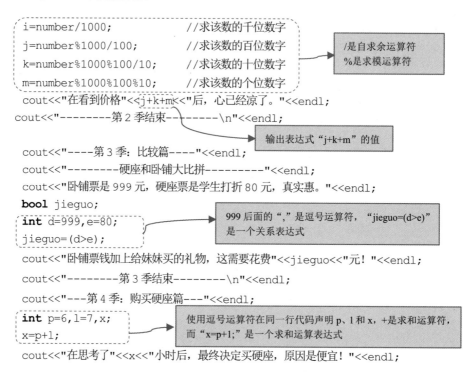

```
i=number/1000;              //求该数的千位数字
j=number%1000/100;          //求该数的百位数字
k=number%1000%100/10;       //求该数的十位数字
m=number%1000%100%10;       //求该数的个位数字
```

/是自求余运算符
%是求模运算符

```
cout<<"在看到价格"<<j+k+m<<"后，心已经凉了。"<<endl;
cout<<"--------第2季结束--------\n"<<endl;
```

输出表达式 "j+k+m" 的值

```
    cout<<"----第3季：比较篇----"<<endl;
    cout<<"--------硬座和卧铺大比拼---------"<<endl;
    cout<<"卧铺票是999元，硬座票是学生打折80元，真实惠。"<<endl;
    bool jieguo;
    int d=999,e=80;
    jieguo=(d>e);
```

999 后面的 "," 是逗号运算符，"jieguo=(d>e)"
是一个关系表达式

```
    cout<<"卧铺票钱加上给妹妹买的礼物，这需要花费"<<jieguo<<"元！"<<endl;
    cout<<"--------第3季结束--------\n"<<endl;
    cout<<"---第4季：购买硬座篇---"<<endl;
    int p=6,l=7,x;
    x=p+l;
```

使用逗号运算符在同一行代码声明 p、l 和 x，+是求和运算符，
而 "x=p+l;" 是一个求和运算表达式

```
    cout<<"在思考了"<<x<<"小时后，最终决定买硬座，原因是便宜！"<<endl;
}
```

执行结果如下：

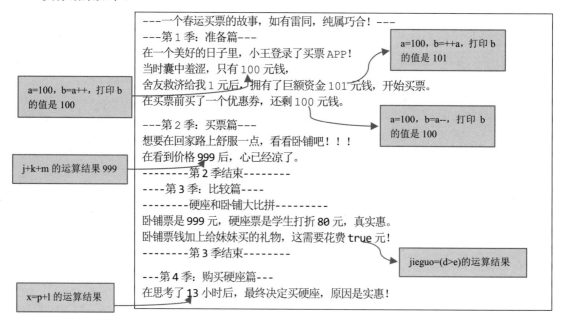

上述代码几乎用到了 C++中所有的基础语法知识。例如，用到了本章前面所学的变量、常量，也用到了即将学习的运算符和表达式。

## 2.3.3　算术运算符和算术表达式

C++语言提供了 7 个算术运算符，分别是"+(正)""-(负)""+""-""*""/""%"。各个算术运算符的具体说明如下：

- ◇　加法"+"、减法"-"和乘法"*"运算符：功能分别与数学中相应的运算功能相同，分别计算两个操作数的和、差、积。
- ◇　除法运算符"/"：要求运算符右边的操作数不能为 0，其功能是计算两个操作数的商。当"/"运算符作用于两个整数时，进行整除运算。例如：

```
16/3            //整除运算，结果为 5
15.3/3          //普通除法运算，结果为 5.1
```

━┤ 注意 ┝━

在 C++程序中进行除法运算时，如果两个运算对象的符号相同则商为正(如果不为 0 的话)，否则商为负。C++语言的早期版本允许结果为负值的商向上或向下取整，而在 C++ 11 新标准中规定：商一律向 0 取整(即直接去除小数部分)。

- ◇　取余运算符"%"：要求两个操作数必须是整数，其功能是求余。例如：

```
13%5            //取余运算，结果为 3
```

根据取余运算的规则，如果 m 和 n 是整数且 n 非 0，则表达式(m/n)*n+m%n 的求值结果与 m 相等。在背后隐含的意思是，如果 m%n 不等于 0，则它的符号和 m 相同。C++语言的早期版本允许 m%n 的符号匹配 n 的符号，而且商向负无穷一侧取整，这一方式在 C++ 11 标准中已经被禁止使用了。除了 m 导致溢出的特殊情况，其他时候(-m)/n 和 m/(-n)都等于 -(m/n)，m%(-n)等于 m%n，(-m)%n 等于- (m%n)。例如下面的演示代码：

```
21 % 6;         //结果是 3
21 / 6;         //结果是 3
21 % 7;         //结果是 0
21 / 7;         //结果是 3
-21 % -8;       //结果是-5
-21 / -8;       //结果是 2
21 % -5;        //结果是 1
21 / -5;        //结果是-4
```

在 C++程序中，算术运算符的优先级如下，括号中运算符的优先级相同：

(单目+、−) 高于(*、/、%) 高于(双目+、−)

📖🔍 练一练

2-3：货物搬运计算器(📗源码路径：daima/2/huo.cpp)

2-4：计算两个快递的总重量(📗源码路径：daima/2/ji.cpp)

## 2.3.4 比较运算符和比较表达式

比较运算符的功能是对程序内的数字进行比较，并返回一个比较结果。在 C++语言中有多个比较运算符，具体说明如表 2-6 所示。

表 2-6　C++比较运算符

| 运　算　符 | 说　　明 |
| --- | --- |
| mm= =nn | 如果 mm 等于 nn 则返回 true，反之则返回 false |
| mm!=nn | 如果 mm 不等于 nn 则返回 true，反之则返回 false |
| mm<nn | 如果 mm 小于 nn 则返回 true，反之则返回 false |
| mm> nn | 如果 mm 大于 nn 则返回 true，反之则返回 false |
| mm<= nn | 如果 mm 小于等于 nn 则返回 true，反之则返回 false |
| mm >= nn | 如果 mm 大于等于 nn 则返回 true，反之则返回 false |

看下面的一段实例代码，分别为变量 mm 定义了不同的值进行比较处理。

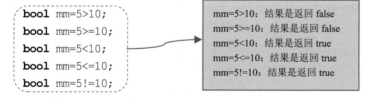

```
bool mm=5>10;
bool mm=5>=10;
bool mm=5<10;
bool mm=5<=10;
bool mm=5!=10;
```

mm=5>10：结果是返回 false
mm=5>=10：结果是返回 false
mm=5<10：结果是返回 true
mm=5<=10：结果是返回 true
mm=5!=10：结果是返回 true

📖🔍 练一练

2-5：判断某商品是否是本月畅销商品(📗源码路径：daima/2/bi.cpp)

2-6：比较两个数的大小关系(📗源码路径：daima/2/pao.cpp)

## 2.3.5 逻辑运算符和逻辑表达式

逻辑运算符的功能是表示操作数之间的逻辑关系，C++语言提供了 3 个逻辑运算符，分

别是"!""&&""||"，具体功能如下：

- ✧ 逻辑非(!)：是单目运算符，其功能是对操作数进行取反运算。当操作数为逻辑真时，！运算后结果为逻辑假(0)，反之，若操作数为逻辑假，!运算后结果为逻辑真(1)。
- ✧ 逻辑与(&&)和逻辑或(||)：是双目运算符。当两个操作数都是逻辑真(非 0)时，&& 运算后的结果为逻辑真(1)，否则为 0；当两个操作数都是逻辑假(0)时，|| 运算后的结果为逻辑假(0)，否则为逻辑真(1)。

例如，下面的运算过程：

```
!(3>5)                  //结果为1
5>3 && 8>6              //结果为1
5>3 || 6>8              //结果为1
```

> 📖🔍 练一练
>
> 2-7：判断输入的成绩是否合法(📂源码路径：daima/2/pan.cpp)
> 2-8：找出三个数中的最大值(📂源码路径：daima/2/che.cpp)

## 2.3.6　++和--运算符与表达式

自增(++)、自减(--)运算符是 C 语言和 C++语言中十分重要的运算符，它们属于单目运算符。运算符"++"和"--"是一个整体，中间不能用空格隔开。"++"能够使操作数按其类型增加 1 个单位，"--"能够使操作数按其类型减少 1 个单位。

自增、自减运算符既可以被放在操作数的左边，也可以被放在操作数的右边。放在操作数左边的称为前缀增量或减量运算符，放在操作数右边的称为后缀增量或减量运算符。前缀增量或减量运算符与后缀增量或减量运算符的关键差别在于：表达式在求值过程中增量或减量发生的时间。前缀增量或减量运算符是先使操作数自增或自减 1 个单位，然后使之作为表达式的值；后缀增量或减量运算符是先将操作数的值作为表达式的值，然后再使操作数自增或自减 1 个单位。自增和自减运算符是算术运算符中的难点，一定要好好揣摩，彻底弄懂。他们的本质区别在于：自加或自减是在赋值及运算前，还是在赋值及运算后，核心的是顺序问题。

> 📖🔍 练一练
>
> 2-9：统计本月顾客对员工的好评数据(📂源码路径：daima/2/app.cpp)
> 2-10：分别计算++a 和 a++的值(📂源码路径：daima/2/bijiao.cpp)

## 2.3.7 位运算符和位表达式

在 C++中提供了 6 种位运算符，功能是对二进制位的变量和常量进行操作运算，具体说明如表 2-7 所示。

表 2-7 C++位运算符

| 运算符 | 名　字 | 实　例 | |
|:---:|:---:|:---:|:---:|
| ~ | 取反 | ~'\011' | // 得出'\366' |
| & | 逐位与 | '\011' & '\027' | // 得出'\001' |
| \| | 逐位或 | '\011' \| '\027' | // 得出'\037' |
| ^ | 逐位异或 | '\011' ^ '\027' | // 得出'\036' |
| << | 逐位左移 | '\011' << 2 | // 得出'\044' |
| >> | 逐位右移 | '\011' >> 2 | // 得出'\002' |

**1. 逻辑位运算符**

逻辑位运算符包括~、&、^、|，具体说明如下：

(1) 单目逻辑运算符~(按位求反)：作用是将各个二进制位由 1 变 0，由 0 变 1。

(2) 双目逻辑运算符：C++有如下 4 个双目逻辑运算符，其中&的优先级高于^，而^高于|。

❖ 按位逻辑非(~)：是对一个整数进行逐位取反运算，若二进制位为 0，则取反后为 1；反之，若二进制位为 1，则取反后为 0。

❖ 按位逻辑与(&)：是对两个整数逐位进行比较，若对应位都为 1，则与运算后为 1，否则为 0。

❖ 按位逻辑或(|)：是对两个整数逐位进行比较，若对应位都为 0，则或运算后为 0，否则为 1。

❖ 按位逻辑异或(^)：是对两个整数逐位进行比较，若对应位不相同，则异或运算后为 1，否则为 0。

例如，下面的运算过程：

```
short int a=0xc3 & 0x6e        //结果为 42H
short int b=0x12 | 0x3d        //结果为 3fH
short int m=~0xc3              //结果为 ff3cH
short int c=0x5a ^ 0x26        //结果为 7cH
```

## 2．移位运算符

移位运算符包括<<、>>，是双目运算符，使用的格式如下：

```
operation1<<n;
operation1>>m;
```

运算符<<是将操作数 operation1 向左移动 n 个二进制位；运算符>>是将操作数 operation1 向右移动 m 个二进制位。移位运算符并不改变 operation1 本身的值。例如：

```
short int operation1=0x8,n=3;
short int a= operation1<<n;
short int operation2=0xa5,m=3;
short int b= operation2>>m;   //结果为14H
```

> 操作数左移 n 个二进制位后，右边移出的空位用 0 补齐

操作数右移 m 个二进制位后，左边移出的空位用 0 或符号位补齐，这与机器系统有关。位运算符的运算优先级为(括弧中运算符的优先级相同)：

~高于(<<、>>)高于&高于^高于|。

> **练一练**
>
> 2-11：某年度麦当劳第四季度的营收数据(源码路径：daima/2/mai.cpp)
> 2-12：使用左移和右移运算符(源码路径：daima/2/zuo.cpp)

# 2.3.8　赋值运算符和赋值表达式

C++语言提供了两类赋值运算符，分别是基本赋值运算符和复合赋值运算符，具体说明如下：

- ◇　基本赋值运算符：=。
- ◇　复合赋值运算符：+=、–=、*=、/=、%=、<<=、>>=、&=、^=、|=。

上述各个运算符的具体说明如表 2-8 所示。

表 2-8　赋值运算符说明

| 运 算 符 | 实　　例 | 等 价 于 |
| --- | --- | --- |
| = | n = 25 | n 等于 25 |
| += | n += 25 | n = n + 25 |
| –= | n –= 25 | n = n – 25 |
| *= | n *= 25 | n = n * 25 |

| 运算符 | 实　例 | 等价于 |
|---|---|---|
| /＝ | n /= 25 | n = n / 25 |
| %＝ | n %= 25 | n = n % 25 |
| &＝ | n &= 0xF2F2 | n = n & 0xF2F2 |
| \|＝ | n \|= 0xF2F2 | n = n \| 0xF2F2 |
| ^＝ | n ^= 0xF2F2 | n = n ^ 0xF2F2 |
| <<＝ | n <<= 4 | n = n << 4 |
| >>＝ | n >>= 4 | n = n >> 4 |

在 C++程序中，赋值运算符的左侧运算对象必须是一个可修改的左值。例如下面的演示代码只是实现初始化功能而已：

```
int i = 0, j = 0, k = 0;    //初始化而非赋值
const int ci = i;           //初始化而非赋值
```

而下面的赋值语句代码都是非法的：

```
1024 = k;                   //错误：字面值是右值
i + j = k;                  //错误：算术表达式是右值
ci = k;                     //错误：ci 是常量(不可修改的) 左值
```

在 C++程序中，赋值运算的结果是它的左侧运算对象，并且是一个左值。相应地，结果的类型就是左侧运算对象的类型。如果赋值运算符的左右两个运算对象类型不同，则右侧运算对象将转换成左侧运算对象的类型。示例代码如下：

```
k = 0;                      //结果：类型是 int，值是 0
k = 3.14159;                //结果：类型是 int，值是 3
```

## 2.3.9　求字节数运算符和求字节表达式

在 C++中提供了一个十分有用的运算符"sizeof"，这是一个单目运算符，用于计算表达式或数据类型的字节数，其运算结果与编译器和机器相关。当编写用于进行文件输入/输出操作或给动态列表分配内存的程序时，如果能知道程序给这些特定变量所分配内存的大小将会方便程序开发工作。

在 C++程序中，运算符"sizeof"的功能是测试某种数据类型或表达式的类型在内存中所占的字节数。使用运算符"sizeof"的语法格式如下：

```
sizeof(类型声明符/表达式)
```

示例代码如下：

```
size(int)                            //结果为 4
size(3+3.6)                          //结果为 8
```

进行算术运算时，如果运算结果超出变量所能表达的数据范围时，就会发生溢出。而利用 sizeof 运算符计算变量所占的字节数，也就是说可以算出变量的数据范围，从而可以避免可能出现的错误。表 2-9 给出了常用数据类型的字节数。

表 2-9　常用数据类型的字节数

| 数据类型 | 占用字节数 |
| --- | --- |
| Char | 1 |
| Char * | 4 |
| Short | 2 |
| Int | 4(VC 5.0)2 (VC 1.5x) |
| Long | 4 |
| Float | 4 |
| Double | 8 |

## 2.3.10　条件运算符和条件表达式

条件运算符又可以被称为 "?" 号运算符，是 C++中唯一的一个三目运算符，也被称为三元运算符，它有三个操作数。使用条件表达式的具体格式如下：

```
操作数 1 ? 操作数 2 : 操作数 3
```

在上述格式中，"操作数 1" 一般是条件表达式，若表达式成立，即为真，则整个表达式的值为 "操作数 2"，否则为 "操作数 3"。例如下面的代码执行后会输出一个小写字母。

```
cout <<('A'<=ch && ch<='Z')? ('a'+ch-'A'): ch;
```

如果第一个操作数非零，表达式的值是操作数 2，否则表达式的值取操作数 3。示例代码如下：

```
int m = 1, n = 2;
int min = (m < n ? m : n);            //min 取 1
```

由条件运算符组成的条件表达式，可以作为另一个条件表达式的操作数，即条件表达式是可以嵌套的。示例代码如下：

```
int a=10,b=20,c=30;
int min=(a>=b ?) (b<=c ? b: c): (a<=c ? a : c)    //结果为10
```

📖 练一练

2-13：判断 2020 年是不是闰年(📄源码路径：daima/2/run.cpp)

2-14：判断是奇数还是偶数(📄源码路径：daima/2/ji.cpp)

## 2.3.11　逗号运算符和逗号表达式

在 C++程序中，逗号 "," 也是一个运算符。在多个表达式之间可以用逗号组合成一个大的表达式，这个表达式被称为逗号表达式。使用逗号表达式的语法格式如下：

表达式1，表达式2，…，表达式n；

逗号表达式的值是取表达式 n 的值，例如下面代码的运算结果是 a=12。

```
a=10,11,12;
```

在 C++程序中，逗号运算符用于解决只能出现一个表达式的地方却出现多个表达式的问题。例如下面的代码，假设 d1、d2、d3 和 d4 都是一个表达式，那么此时整行代码的结果由最后一个表达式 d4 的值决定。计算顺序是从左至右依次计算各个表达式的值，最后计算的表达式的值和类型便是整个表达式的值和类型。

```
d1,d2,d3,d4;
```

例如下面的代码，当 m 小于 n 时，计算 mCount++，m 被存储在 min 中。否则，计算 nCount++，n 被存储在 min 中。

```
int m, n, min;
int mCount = 0, nCount = 0;
min = (m < n ? mCount++, m : nCount++, n);
```

## 2.3.12　运算符的优先级和结合性

在日常生活中，无论是排队买票还是超市结账，我们都遵循先来后到的顺序。在 C++语言运算中，也要遵循某种运算秩序，这个秩序就是优先级。例如加减乘除，是先计算乘除后计算加减。在 C++程序中，当多个不同的运算符进行混合运算时，运算顺序是根据运算符的优先级而定的，优先级高的运算符先运算，优先级低的运算符后运算。在同一个表达式中，如果各运算符有相同的优先级，运算顺序是从左向右，还是从右向左，是由运算符的结合性确定的。所谓结合性是指运算符可以和左边的表达式结合，也可以与右边的表达式结合。C++运算符的优先级和结合性如表 2-10 所示。

表 2-10　C++运算符的优先级和结合性

| 优先级 | 运算符 | 描　述 | 示　例 | 结合性 |
|---|---|---|---|---|
| 1 | () <br> [] <br> -> <br> . <br> :: <br> ++ <br> -- | 小括号，分组，调用 <br> 中括号，下标运算 <br> 指针，成员选择 <br> 点，成员选择 <br> 作用域 <br> 后缀自增 <br> 后缀自减 | (a + b) / 4; <br> Array[4] = 2; <br> ptr->age = 34; <br> obj.age = 34; <br> Class::age = 2; <br> for( i = 0; i < 10; i++ ) ... <br> for( i = 10; i > 0; i-- ) ... | 从左至右 |
| 2 | ! <br> ~ <br> ++ <br> -- <br> -+ <br> * <br> & <br> (type) <br> sizeof | 逻辑非 <br> 按位异或 <br> 前缀自增 <br> 前缀自减 <br> 负号 <br> 正号 <br> 解引用 <br> 取地址 <br> 强制类型转换 <br> 对象/类型长度 | if( !done ) ... <br> flags = ~flags; <br> for( i = 0; i < 10; ++i ) ... <br> for( i = 10; i > 0; --i ) ... <br> int i = -1; <br> int i = +1; <br> data = *ptr; <br> address = &obj; <br> int i = (int) floatNum; <br> int size = sizeof(floatNum); | 从右至左 |
| 3 | ->* <br> * | 指向成员指针 <br> 取成员指针 | ptr->*var = 24; <br> obj.*var = 24; | 从左至右 |
| 4 | * <br> / <br> % | 乘法 <br> 除法 <br> 模/求余 | int i = 2 * 4; <br> float f = 10 / 3; <br> int rem = 4 % 3; | |

续表

| 优先级 | 运算符 | 描 述 | 示 例 | 结合性 |
|---|---|---|---|---|
| 5 | + | 加法 | int i = 2 + 3; | |
| | – | 减法 | int i = 5 – 1; | |
| 6 | << | 位左移 | int flags = 33 << 1; | |
| | >> | 位右移 | int flags = 33 >> 1; | |
| 7 | < | 小于比较 | if( i < 42 ) ... | |
| | <= | 小于等于比较 | if( i <= 42 ) ... | |
| | > | 大于比较 | if( i > 42 ) ... | |
| | >= | 大于等于比较 | if( i >= 42 ) ... | 从左至右 |
| 8 | == | 相等比较 | if( i == 42 ) ... | |
| | != | 不等比较 | if( i != 42 ) ... | |
| 9 | & | 位与 | flags = flags & 42; | |
| 10 | ^ | 位异或 | flags = flags ^ 42; | |
| 11 | \| | 位或 | flags = flags \| 42; | |
| 12 | && | 逻辑与 | if( conditionA && conditionB ) ... | |
| 13 | \|\| | 逻辑或 | if( conditionA \|\| conditionB ) ... | |
| 14 | ? : | 条件操作符 | int i = (a > b) ? a : b; | |
| | = | 简单赋值 | int a = b; | |
| | += | 先加后赋值 | a += 3; | |
| | –= | 先减后赋值 | b –= 4; | |
| | *= | 先乘后赋值 | a *= 5; | |
| | /= | 先除后赋值 | a /= 2; | |
| 15 | %= | 先按位与后赋值 | a %= 3; | 从右至左 |
| | &= | 先按位后赋值 | flags &= new_flags; | |
| | ^= | 先按位异或后赋值 | flags ^= new_flags; | |
| | \|= | 先按位或后赋值 | flags \|= new_flags; | |
| | <<= | 先按位左移后赋值 | flags <<= 2; | |
| | >>= | 先按位右移后赋值 | flags >>= 2; | |
| 16 | , | 逗号运算符 | for( i = 0, j = 0; i < 10; i++, j++ ) ... | 从左到右 |

**2.4　类型转换：临时收银员的烦恼**

扫码看视频

## 2.4.1　背景介绍

　　位于宿舍一楼的小超市是学生们的最爱，即使在半夜也能买到舍友口中的夜宵王者：方便面。近日，超市经营者生病住院，临时让老父亲帮忙看店。老爷爷年逾七旬，在算账方面经常感到无能为力。某天，舍友 A 到超市购物，购买牙膏 2 盒，面巾纸 3 盒。其中牙膏的价格是 10.9 元，面巾纸的价格是 5.8 元。请编写一个 C++程序，帮助老爷爷计算舍友 A 所购买商品的总价格。

## 2.4.2　具体实现

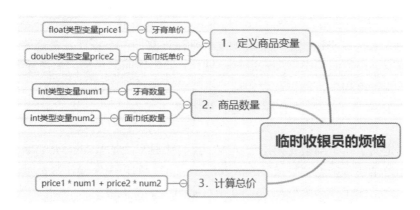

项目 2-4　临时收银员的烦恼(源码路径：daima/2/zi.cpp)

本项目的实现文件为 zi.cpp，具体代码如下所示。

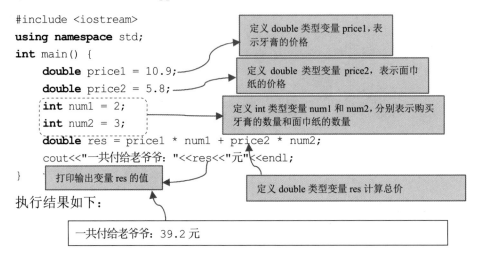

```
#include <iostream>
using namespace std;
int main() {
    double price1 = 10.9;          定义 double 类型变量 price1，表
                                   示牙膏的价格
    double price2 = 5.8;           定义 double 类型变量 price2，表示面巾
                                   纸的价格
    int num1 = 2;                  定义 int 类型变量 num1 和 num2，分别表示购买
    int num2 = 3;                  牙膏的数量和面巾纸的数量
    double res = price1 * num1 + price2 * num2;
    cout<<"一共付给老爷爷: "<<res<<"元"<<endl;
}       打印输出变量 res 的值               定义 double 类型变量 res 计算总价
```

执行结果如下：

一共付给老爷爷：39.2 元

通过上面的执行结果可知，整型数据和 double 型数据混合运算会得到 double 型结果，这是由 C++隐式类型转换所导致的。接下来将详细讲解 C++的数据类型转换的知识。

## 2.4.3　隐式转换

所谓隐式，是指隐藏的、看不到的，这种转换经常发生在把小东西放到大箱子里时。这里"小"和"大"的主要判别依据是数据类型的表示范围和精度，比如 short 比 long 小，float 比 double 小等。当一个变量的表示范围和精度都大于另一个变量定义时的类型，将后者赋值给前者就会发生隐式转换。显然，这种转换不会造成数据的丢失。

C++定义了一组内置类型对象之间的标准转换，在必要时它们被编译器隐式地应用到对象上。例如在算术运算表达式中，实现加法或乘法运算的两个操作数被隐式提升为相同的类型，然后再用这个相同的类型表示运算结果。共同类型的两个通用的指导原则如下：

◇　为防止精度损失，如果必要的话，类型总是被提升为较宽的类型；

◇　所有含有小于整型的有序类型的算术表达式在计算之前其类型都会被转换成整型。

上述规则定义了一个类型转换层次结构，我们从最宽的类型 long double 开始，那么另一个操作数无论是什么类型都将被转换成 long double。如果两个操作数都不是 long double 型，那么其中一个操作数的类型是 double 型，则另一个就被转换成 double 型。例如：

```
int ival;
float fval;
double dval;
dval + fval + ival;
```

在计算加法前 fval 和 ival 都被
转换成 double 型

## 2.4.4 显式转换

在 C++程序中，与隐式转换相反，显式转换会在程序中明显地体现出来。C++语言有如下三种实现显式转换的基本方法：

(类型) 表达式;
类型 (表达式);
(类型) (表达式);

根据上述三种转换格式，如下三种形式都是合法的：

```
s2 = (short)100000;        //第 1 种
s2 = short(100000);        //第 2 种
s2 = (short)(100000);      //第 3 种
```

上述强制转换经常发生在把大东西放到小箱子里时，多出来的部分就不得不丢掉。若一个变量的表示范围或精度无法满足另一个变量定义时的类型，将后者赋值给前者就需要进行显式转换。显式转换可能会导致部分数据(如小数)丢失。

練一练
2-15: 使用隐式类型转换( 源码路径： daima/2/yin.cpp)
2-16: 计算片酬收入占总收入的百分比( 源码路径： daima/2/baifenbi.cpp)

# 第 3 章

## 流程控制语句

C++语言有三种程序结构：顺序结构、选择结构、循环结构。顺序结构是最基本的结构，即程序按代码的编写顺序一行一行地运行。要想编写出功能强大的 C++程序，光靠顺序结构是不行的，还必须使用选择结构和循环结构。本章将详细讲解 C++语言流程控制语句的知识。

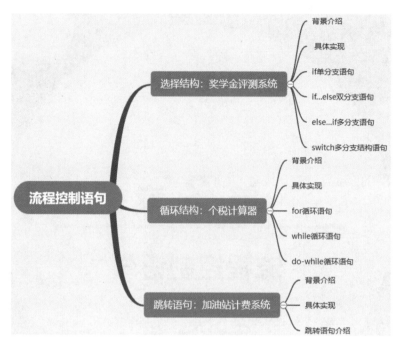

## 3.1 选择结构：奖学金评测系统

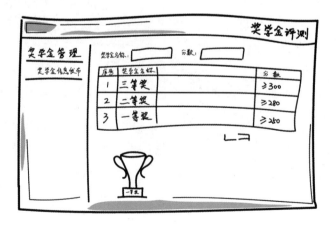

扫码看视频

## 3.1.1 背景介绍

学校为鼓励大家努力学习，推出了奖学金制度，根据每学期的期末考试成绩作为评测标准。本学期期末考试的成绩已经统计完毕，学校决定总分成绩大于等于 300 分是一等奖学金，大于等于 280 分是二等奖学金，大于等于 250 分是三等奖学金，成绩低于 250 分没有奖学金。本程序将使用 C++语言的 if 语句来实现评测某学生是否获得奖学金。

## 3.1.2 具体实现

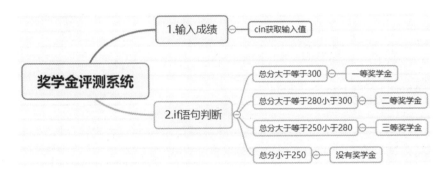

项目 **3-1** 奖学金评测系统(📖源码路径：daimas/3/score.cpp)

本项目的实现文件为 score.cpp，具体代码如下所示。

```cpp
#include <iostream>
using namespace std;
int main() {
    int score;
    score = 0;
    cout << "请输入你的成绩:";
    cin >> score;
    if (score >= 300)
        cout << "获得一等奖学金！" << endl;

    else if (score >= 280)
        cout << "获得二等奖学金！" << endl;
```

变量 score 表示学生的成绩，通过 cin 获取用户输入的成绩

如果变量 score 的值大于等于 300，则打印输出"获得一等奖学金！"

如果变量 score 的值大于等于 280 小于 300，则打印输出"获得二等奖学金！"

> 如果变量 score 的值大于等于 250 小于 280，则打印输出"获得三等奖学金！"

```
else if (score >= 250)
    cout << "获得三等奖学金！" << endl;
else
    cout << "没有获得奖学金！" << endl;
return 1;
}
```

> 如果变量 score 的值不满足上面的条件，则打印输出"没有获得奖学金！"

输入 320 后的执行结果如下：

```
请输入你的成绩:320
获得一等奖学金！
```

### 3.1.3　if 单分支语句

在 C++程序语言中，单分支结构 if 语句的功能是对一个表达式进行计算，并根据计算的结果决定是否执行后面的语句。使用 if 单分支语句的语法格式如下：

```
if (表达式) {
    语句;
}
```

> 如果表达式的值为真，则执行其后大括号内的语句，否则不执行该语句

上述过程可表示为图 3-1。

图 3-1　if 单分支语句

例如下面的代码用到了 if 单分支语句：

```
if (i > 10){
        cout << i << endl;
}
cout << "这是例子" << endl;
```

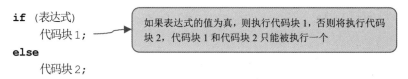

如果 i 大于 10 则通过下一行代码输出 i 的值

## 3.1.4  if…else 双分支语句

在 C++语言中，可以使用 if…else 语句实现双分支结构。双分支结构语句的功能是计算一个表达式的值，并根据得出的结果执行其中的操作语句。使用双分支 if 语句的语法格式如下：

```
if (表达式)
        代码块1;
else
        代码块2;
```

如果表达式的值为真，则执行代码块 1，否则将执行代码块 2，代码块 1 和代码块 2 只能被执行一个

上述过程可以直观地表示为图 3-2。

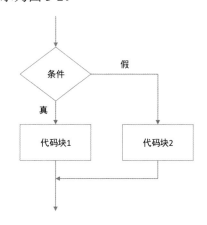

图 3-2  if…else 双分支语句

📖🔍 练一练

3-1: 判断是否是闰年(📁**源码路径**: daima/3/bian.cpp)

3-2: 判断应聘者的年龄是否合法(📁**源码路径**: daima/3/nian.cpp)

## 3.1.5  else…if 多分支语句

在前面学习的 if 语句中，只能处理两种选择情形：如果是则执行代码块 1，否则执行代

码块 2。在现实应用中，有时需要处理比较复杂的问题，例如需要判断多种选择情形，此时可以考虑使用 else...if 实现多分支结构，例如项目 3-1 用到了 else...if 多分支语句，具体语法格式如下：

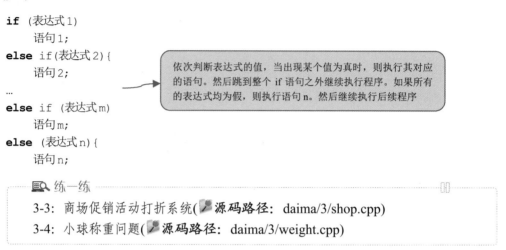

```
if (表达式 1)
    语句 1;
else if(表达式 2){
    语句 2;
…
else if (表达式 m)
    语句 m;
else (表达式 n){
    语句 n;
```

依次判断表达式的值，当出现某个值为真时，则执行其对应的语句。然后跳到整个 if 语句之外继续执行程序。如果所有的表达式均为假，则执行语句 n。然后继续执行后续程序

📖🔍 练一练

3-3：商场促销活动打折系统(🔑源码路径：daima/3/shop.cpp)

3-4：小球称重问题(🔑源码路径：daima/3/weight.cpp)

## 3.1.6　switch 多分支结构语句

C++程序经常会选择执行多个分支语句，多分支选择结构有 n 个操作，实际上前面介绍的嵌套双分支语句可以实现多分支结构。在 C++语言中提供了实现多分支结构的 switch 语句，使用 switch 语句的语法格式如下：

```
switch (表达式){
    case 常量表达式 1:
        语句 1;
        break;
    case 常量表达式 2:
        语句 2;
        break;
    …
    case 常量表达式 n:
        语句 n;
        break;
    default:
        语句 n+1;
}
```

功能是计算表达式的值，并逐个与其后的常量表达式值相比较，当表达式的值与某个常量表达式的值相等时，即执行其后的语句，然后不再进行判断，继续执行后面所有 case 后的语句；如表达式的值与所有 case 后的常量表达式均不相同时，则执行 default 后的语句；break 语句终止该语句的执行，跳出 switch 语句到 switch 语句后的第一条语句上

在 C++程序中经常面临多项选择的情形，在这种情况下，需要根据整数变量或表达式的值，从许多选项(多于两个)中确定执行哪个语句集。比如抽奖，顾客购买了一张有号码的彩票，如果运气好，就会赢得大奖。例如，如果彩票的号码是 147，就会赢得头等奖。如果彩票的号码是 387，就会赢得二等奖。如果彩票的号码是 29，就会赢得三等奖。其他号码则不能获奖。处理这类情形的语句称为 switch 语句。在 C++程序中，switch 语句允许根据给定表达式的一组固定值，从多个选项中选择，这些选项称为 case。在上述彩票实例中，有 4 个 case，每个 case 对应一个获奖号码，再加上一个默认的 case，用于所有未获奖的号码。

▐ 注意 ▐

在 C++程序中，switch 语句描述起来比其使用难一些。在许多 case 中选择取决于关键字 switch 后面括号中整数表达式的值。选择表达式的结果也可以是已枚举的数据类型，因为这种类型的值可以自动转换为整数。开发者可以根据需要，使用多个 case 值定义 switch 语句中的可能选项。

如果选择表达式的值等于 case 值，就执行该 case 标签后面的语句。每个 case 值都必须是唯一的，但不必按一定的顺序。

实例 3-1　饭店就餐点餐系统(源码路径：daima/3/dian.cpp)

本实例的实现文件为 dian.cpp，具体代码如下所示。

```cpp
#include <iostream>
using namespace std;
int main() {
    cout << "服务员：您好，欢迎光临，这是菜单。" << endl;
    int which;          // which 选择因子，这是一个整数
    which = 0;
    cout << "1--宫保鸡丁" << endl;      // 菜单中的 3 个菜单项
    cout << "2--牛肉面" << endl;
    cout << "3--过桥米线" << endl;
    cout << "your choice:" << endl;
    cin >> which;       // 用户输入选择的菜单项，然后用 switch 语句
    switch (which){     // 根据 which 值执行不同的动作
    case 1:                          //如果选择了菜单 1
        cout << "服务员：先生您好，您点的是宫保鸡丁！" << endl;
```

```
        break;
    case 2:                              //如果选择了菜单 2
        cout << "服务员：先生您好，您点的是牛肉面！" << endl;
        break;
    case 3:                              //如果选择了菜单 3
        cout << "服务员：先生您好，您点的过桥米线！" << endl;
        break;
    default:                             //输入的选项不在菜单项中
        cout << "服务员：对不起，没有这个菜！" << endl;
    }
    return 1;
}
```

执行结果如下：

```
服务员：您好，欢迎光临，这是菜单。
1--宫保鸡丁
2--牛肉面
3--过桥米线
your choice:
1
服务员：先生您好，您点的是宫保鸡丁！
```

# 3.2 循环结构：个税计算器

扫码看视频

## 3.2.1　背景介绍

假设政府对个人所得税率的规定为：月收入 1200 元起征，超过起征点 500 元以内部分税率 5%，超过 500 元到 2000 元部分税率 10%，超过 2000 元到 5000 元部分税率 15%，超过 5000 元到 20000 元部分税率 20%，超过 20000 元到 40000 元部分税率 25%，超过 40000 元到 60000 元部分税率 30%，超过 60000 元到 80000 元部分税率 35%，超过 80000 元到 100000 元部分税率 40%，超过 100000 元部分税率 45%。请根据上述描述编写 C++个税计算程序，依据用户输入的月收入计算个税。

## 3.2.2　具体实现

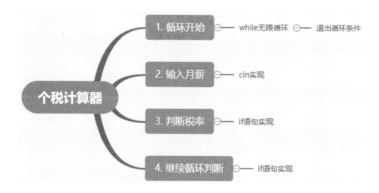

项目 3-2　个税计算器(源码路径：daima/3/shui.cpp)

本项目的实现文件为 shui.cpp，具体代码如下所示。

```cpp
#include <iostream>
using namespace std;
int main(){
double money, result, tmp;
int i,n;
cout<<"欢迎进入个税计算系统，想体验输入 2，不想体验输入 1。"<<endl;
while(1)        while 循环开始，这是一个无限循环
{
    i++;        //每循环完一次 i(表示循环次数) 自动加 1
cin>>n;
    if(n<=1)                         如果输入"1"则退出 while 循环
    {
        cout<<"你选择了退出程序。"<<endl;break;
    }
```

```
cout << "请输入您的每月总收入: \n";
cin >> money;
```

获取输入的月薪

```
if (money <= 1200){
    result = 0;
}
```

如果月收入小于等于 1200 元则不需要缴纳个税

```
else if (money>1200){
    tmp = money - 1200;
```

如果月薪高于 1200，则根据后面的多个 else...if 语句计算应缴金额

```
    if (tmp <= 500){
        result = tmp*0.05;
    }
```

如果需要缴税部分小于等于 500 元

```
    else if (tmp>500 && tmp <= 2000){
        result = 500 * 0.05 + (tmp - 500)*0.1;
    }
```

如果需要缴税部分大于 500 小于等于 2000

```
    else if (tmp>2000 && tmp <= 5000){
        result = 500 * 0.05 + (2000 - 500)*0.1 + (tmp - 2000)*0.15;
    }
```

如果需要缴税部分大于 2000 小于等于 5000

```
    else if (tmp>5000 && tmp <= 20000){
        result = 500 * 0.05 + (2000 - 500)*0.1 + (5000 - 2000)*0.15 +
(tmp - 5000)*0.2;
    }
```

如果需要缴税部分大于 5000 小于等于 20000

```
    else if (tmp>20000 && tmp <= 40000){
        result = 500 * 0.05 + (2000 - 500)*0.1 + (5000 - 2000)*0.15 +
(20000 - 5000)*0.2 + (tmp - 20000)*0.25;
    }
```

如果需要缴税部分大于 20000 小于等于 40000

```
    else if (tmp>40000 && tmp <= 60000){
        result = 500 * 0.05 + (2000 - 500)*0.1 + (5000 - 2000)*0.15 +
(20000 - 5000)*0.2 + (40000 - 20000)*0.25 + (tmp - 40000)*0.3;
    }
```

如果需要缴税部分大于 40000 小于等于 60000

```
    else if (tmp>60000 && tmp <= 80000){
        result = 500 * 0.05 + (2000 - 500)*0.1 + (5000 - 2000)*0.15 + (20000 -
5000)*0.2 + (40000 - 20000)*0.25 + (60000 - 40000)*0.3 + (tmp - 60000)*0.35;
    }
```

如果需要缴税部分大于 60000 小于等于 80000

如果需要缴税部分大于 80000 小于等于 100000

```
    else if (tmp>80000 && tmp <= 100000){
        result = 500 * 0.05 + (2000 - 500)*0.1 + (5000 - 2000)*0.15 + (20000 -
5000)*0.2 + (40000 - 20000)*0.25 + (60000 - 40000)*0.3 + (80000 - 60000)*0.35 +
(tmp - 80000)*0.4;
```

```
        }
    else if (tmp>100000){
```

如果需要缴税部分大于 100000

```
        result = 500 * 0.05 + (2000 - 500)*0.1 + (5000 - 2000)*0.15 + (20000
- 5000)*0.2 + (40000 - 20000)*0.25 + (60000 - 40000)*0.3 + (80000 - 60000)*0.35
+ (100000 - 80000)*0.4 + (tmp - 100000)*0.45;
        }
    }
//输出显示需要缴纳的个税
    cout << "你需要缴纳:" << result << "元的个人所得税。" << endl;
    }
}
```

执行结果如下：

```
欢迎进入个税计算系统，想体验输入 2，不想体验输入 1。
2
请输入您的每月总收入：
10000
你需要缴纳:1385 元的个人所得税。
2
```
如果继续体验输入 "2"
```
请输入您的每月总收入：
20000
你需要缴纳:3385 元的个人所得税。
1
```
如果退出程序输入 "1"
```
你选择了退出程序。
```

## 3.2.3　for 循环语句

在 C++程序中，for 循环的功能是对语句或语句块执行预设的次数。用户可以使用以分号 ";" 分隔开的 3 个表达式来控制 for 循环，这 3 个表达式放在关键字 for 后面的括号中。在 C++程序中，for 语句也称 for 循环，因为程序会通常执行此语句多次。在 C++程序中，for 语句的使用方法最为灵活，可以将一个由多条语句组成的代码块执行特定的次数。使用 for 语句的语法格式如下：

**for** (初始化语句；条件表达式；表达式) {
　　语句；
}

"初始化语句"是初始化变量的语句，通常情况下是初始化循环变量，在首次进入循环时执行；"条件表达式"是任意合法的关系表达式；"表达式"是任意合法的表达式；"语句块"是要执行的语句在上述格式中，条件表达式控制着循环的执行：

✧  当条件表达式为真时，执行循环体；

✧  当条件表达式不为真时，退出循环；

✧  如果第一次测试条件表达式为假，则循环一次也不会执行。

例如下面的代码中，先给 i 赋初值为 1，然后判断 i 是否小于等于 10，若满足条件则执行语句，之后值增加 1。再重新判断，直到条件为假，即 i>10 时结束循环。

```
for(i=1; i<=10; i++)
sum=sum+i;
```

例如，下面是使用 for 循环语句的一般形式。

```
表达式1;
for(表达式2){
    语句
    表达式3;
}
```

**实例 3-2**　计算考试成绩的总分( 源码路径：daima/3/exam.cpp)

本实例的实现文件为 exam.cpp，具体代码如下所示。

```
#include <iostream>
using namespace std;
int main() {
    cout << "请依次输入 5 科考试成绩: " << endl;
    int sum=0;                  //定义变量 sum
    int score;                  //定义变量 score
    for (int i=0;i<5;i++){//循环控制，输入 5 个 score 值
        cin>>score;
        sum=sum+score;
    }
    cout << "您的高考总成绩是: " << sum <<"分"<< endl;      //输出 sum 的值
    return 0;
}
```

第 1 行：依次输入 5 科成绩
第 2 行：计算 5 科成绩的和

执行结果如下：

```
请依次输入 5 科考试成绩：
121
118
138
141
88
您的高考总成绩是：606 分
```

📑 练一练

3-5：解决"老师分糖果"问题(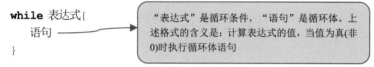源码路径：daima/3/DivideCandy.cpp)

3-6：解决李白喝酒问题(源码路径：daima/3/alcohol.cpp)

## 3.2.4 while 循环语句

在项目 3-2 中用到了 while 循环， while 循环语句能够不断地执行一个语句块，直到条件为假时止。使用 while 语句的语法格式如下：

```
while 表达式{
    语句
}
```

"表达式"是循环条件，"语句"是循环体。上述格式的含义是：计算表达式的值，当值为真(非0)时执行循环体语句

上述 while 循环语句的执行过程如图 3-3 所示。

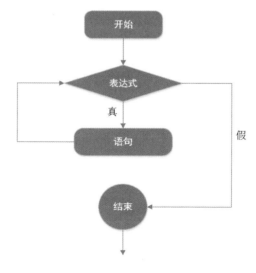

图 3-3 while 语句执行过程

🔍 练一练

3-7: 计算每年需要还的贷款利息(📂 **源码路径**: daima/3/wh.cpp)

3-8: 计算 1 到 100 的和(📂 **源码路径**: daima/3/he.cpp)

## 3.2.5  do-while 循环语句

在 C++程序中，do-while 语句可以在指定条件为真时不断地执行一个语句块，程序会在每次循环结束后检测条件，而不像 for 语句或 while 语句那样在开始前进行检测。使用 do-while 语句的语法格式如下：

```
do{
    语句
} while(表达式);
```

> 与 while 循环的不同点在于，do-while 先执行循环中的语句，然后再判断表达式是否为真，如果为真则继续循环，如果为假则终止循环。也就是说，do-while 循环至少要执行一次循环语句

上述格式的执行过程如图 3-4 所示。

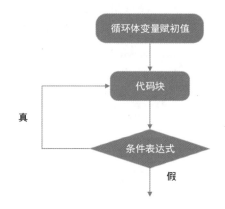

图 3-4  do-while 语句执行过程

🔍 练一练

3-9: 解决 "猴子吃桃" 的问题(📂 **源码路径**: daima/3/hou.cpp)

3-10: 解决新同学年龄的问题(📂 **源码路径**: daima/3/SchoolfellowAge.cpp)

# 3.3　跳转语句：加油站计费系统

扫码看视频

## 3.3.1　背景介绍

　　某加油站有 a、b、c 三种型号汽油，售价分别为 7.25、7.00、6.75 元/升。此加油站提供了"自己加"或"协助加"两个服务类型，"自己加"的用户可以得到 5% 的优惠。请编写一个加油站计费系统，根据用户输入的汽油类型、加油服务和加油数量计算对应的油费。

## 3.3.2　具体实现

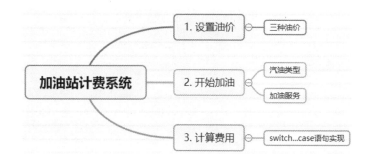

**项目 3-3**　加油站计费系统( 源码路径：daima/3/jia.cpp)

本项目的实现文件为 jia.cpp，具体代码如下所示。

```cpp
#include <iostream>
using namespace std;
int main(){
```

```cpp
float p1 = 7.25;
float p2 = 7.00;
float p3 = 6.75;
float p, m, e;
char c, d;
cout << "输入您要加哪种类型的汽油(a,b,c): " << endl;
cin >> c;
cout << "输入进行哪种加油服务: (x:自己加,y:协助加):" << endl;
cin >> d;
cout << "输入加油的数量: " << endl;
cin >> e;
switch (c){
    case 'a':
        p = p1;
        break;
    case 'b':
        p = p2;
        break;
    case 'c':
        p = p3;
        break;
    default:
        cout << "您输入的有误" << endl;
}
switch (d){
    case 'x':
        m = 1;
        break;
    case 'y':
        m = 1.05;
        break;
    default:
        cout << "您输入的有误" << endl;
}
cout << "选择加油的类型是: " << c << endl;
cout << "选择服务的类型是: " << d << endl;
cout << "花费的金额是: " << e*p*m << endl;
}
```

分别设置三种型号汽油的价格

获取输入的汽油类型

获取输入的加油服务

获取输入的加油数量

根据输入的汽油类型进行对应的 switch 操作

根据输入的加油服务类型进行 switch 操作

执行结果如下：

```
输入您要加哪种类型的汽油(a,b,c):
a
输入进行哪种加油服务: (x:自己加,y:协助加):
y
输入加油的数量:
35
选择加油的类型是: a
选择服务的类型是: y
花费的金额是: 266.438
```

## 3.3.3  跳转语句介绍

在C++程序中，跳转语句的功能是实现项目内程序的无条件转移控制。通过跳转语句，可以将执行转到指定的位置。在C++程序中，有三种常用的跳转语句：break语句、continue语句和goto语句。

### 1. break 语句

在项目 3-3 中用到了 break 语句，在 C++程序中，break 语句只能用于 switch、while、do 或 for 语句中，功能是退出其本身所在的处理语句。break 语句只能退出直接包含它的语句，而不能退出包含它的多个嵌套语句。

### 2. continue 语句

在 C++程序中，continue 语句只能被用在 while、do 或 for 语句中，功能是忽略循环语句块内位于它后面的代码，从而直接开始新的循环。但是，continue 语句只能使直接包含它的语句开始新的循环，而不能作用于包含它的多个嵌套语句。

### 3. goto 语句

goto 语句的功能是将执行跳转到使用标签标记的代码语句。这里的标签包括 switch 语句内的 case 标签和 default 标签，以及常用标记语句内声明的标签。使用 goto 语句的格式如下：

```
goto 标签名;
```

在上述格式中声明了一个标签，这个标签的作用域是声明它的整个语句块，包括里面包含的嵌套语句块。如果里面同名标签的作用域重叠，则会出现编译错误。并且，如果当前函数中存在具有某名称的标签，或 goto 语句不在这个标签的范围内，也会出现编译错误。所以说，goto 语句和前面介绍的 break 语句和 continue 语句等有很大的区别，它不但能够作用于定义它的语句块内，而且能够作用于该语句块的外部。但是，goto 语句不能将执行转到高语句所包含的嵌套语句块的内部。

> 🔍 练一练
>
> 3-11：限制输入的会员编号不能是负数( 📄 源码路径：daima/3/hui.cpp)
>
> 3-12：双十一购物狂欢节倒计时系统( 📄 源码路径：daima/3/shuang.cpp)

# 第 4 章

## 函　数

对于一个大型程序开发来说，总体设计的原则是模块化设计。模块化设计的指导思想是将一个程序划分为若干个模块，每个模块完成特定的功能。在 C++程序中，将经常需要的功能组装成一个个函数，当程序中用到这个功能时，只需调用对应的函数即可。本章将详细讲解 C++语言中函数的知识。

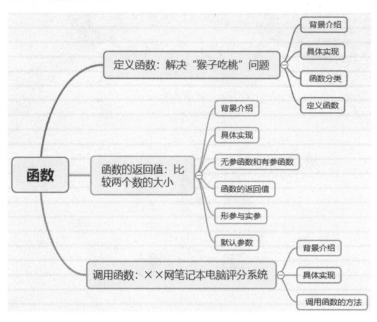

# 4.1 定义函数：解决"猴子吃桃"问题

扫码看视频

## 4.1.1 背景介绍

猴子吃桃：猴子第一天摘下若干个桃子，当即吃了一半，还不过瘾，又多吃了 1 个。第二天早上又将剩下的桃子吃掉一半，又多吃 1 个。以后每天早上都吃了前一天剩下的一半零 1 个。到第 10 天早上想再吃时，见只剩下 1 个桃子了。编写 C++程序，列出这些天每天的桃子数量。

## 4.1.2 具体实现

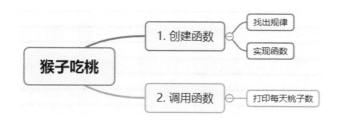

**项目 4-1** 解决"猴子吃桃"问题( 源码路径：daima/4/hou.cpp)

本项目的实现文件为 hou.cpp，具体代码如下所示。

```cpp
#include <iostream>
using namespace std;
int func(int n)        // 创建函数 func()，参数是整数 n，表示第几天
{
    if (n >= 10)
    {
        return 1;      // 如果第 10 天以后，返回 1，表示 1 个桃子
    }
    else
    {
        return (func(n + 1) + 1) * 2;   // 如果是 10 天以内，前一天的桃子数量等于后一天的数量加 1 然后乘以 2
    }
}
int main()
{
    int i;
    for (i = 1; i <= 10; i++)       // 调用函数 func()，输出 1 到 10 天每天的桃子数
    {
        cout<<"第"<<i<<"天桃子数: "<<func(i)<< endl;
```

```
    }
    getchar();
    return 0;
}
```

执行结果如下:

```
第1天桃子数: 1534
第2天桃子数: 766
第3天桃子数: 382
第4天桃子数: 190
第5天桃子数: 94
第6天桃子数: 46
第7天桃子数: 22
第8天桃子数: 10
第9天桃子数: 4
第10天桃子数: 1
```

## 4.1.3  函数分类

本书前面的内容已经多次用到了函数,例如主函数 main()。通常从函数定义、是否有返回值、返回值类型这 3 个维度对 C++程序中的函数进行了分类。

### 1. 从函数定义的角度划分

从定义函数的角度看,可以将函数分为内置库函数和用户自定义函数两种,具体如下。

(1) 内置库函数:由 C++系统提供,用户无须定义,也不必在程序中作类型说明,只需在程序前包含有该函数原型的头文件即可在程序中直接调用。C++语言提供了极为丰富的库函数,这些库函数可以从具体的功能角度继续进行分类,例如可以分为字符类型分类函数、转换函数、目录路径函数、诊断函数、图形函数、输入输出函数、接口函数、字符串函数、内存管理函数、数学函数、日期和时间函数和进程控制函数。本书前面多次用到的函数 main()是一个特殊的库函数,是 C++语言的主函数,其特点如下:

◇   main()可以调用其他函数,而不允许被其他函数调用。

◇   C++程序的执行总是从函数 main()开始,在程序内完成对其他函数的调用后再返回到函数 main(),最后由函数 main()结束整个程序。一个 C++程序必须有,也只能有一个主函数 main()。

◇   所有的函数定义,包括主函数 main()在内,都是平行的。也就是说,在一个函数的函数体内，不能再定义另一个函数，即不能嵌套定义。但是函数之间允许相互调用，也允许嵌套调用。习惯上把调用者称为主调函数。函数还可以自己调用自己，这称为递归调用。

(2) 用户自定义函数：由程序员按照项目的需求自己编写的函数。例如在计算器项目中编写加法函数实现加法运算功能，编写减法函数实现减法运算功能等。

**2．从是否有返回值角度划分**

如果按照是否有返回值角度进行划分，可以把函数分为有返回值函数和无返回值函数两种，具体如下：

✧ 有返回值函数：此类函数被调用执行完后将向调用者返回一个结果，这个结果被称为函数的返回值。由用户定义的这种要返回函数值的函数，必须在函数定义和函数说明中明确返回值的类型。

✧ 无返回值函数：此类函数用于完成某项特定的处理任务，执行完成后不向调用者返回函数值。因为此类函数没有返回值，所以在定义此类函数时可以使用关键字void 指定它的返回为"空类型"。

**3．根据返回值类型划分**

在 C++程序中，如果根据返回值类型进行划分，可以将函数分为 void 函数、int 函数、float 函数、指针函数(pointer)等，例如下面的代码：

```cpp
void mm();                      //void 函数
int nn(int x,int y);            //int 函数
float aa(float x,float y);      //float 函数
char * bb(int x);               //指针函数
bool mm();                      //bool 函数
```

用关键字 void 修饰的函数 mm() 没有返回值，其他的几个函数都有对应关键字类型的返回值

## 4.1.4 定义函数

为了便于理解，可以将函数看成零件，每个零件都具有自己的作用。在一个 C++项目中，会有很多函数，通过函数可以实现具有不同功能的程序。再讲得通俗一点，函数就好比计算机中的显卡、CPU 和内存条等不同的部件，每个部件具有不同的功能。将这些大小不同的部件进行搭配后，可以组装成配置不同的 Surface Book 计算机。在 C++程序中，函数包括接口和函数体两部分。其中，接口用于说明该如何使用函数，通常包括函数名、参数和返回值；函数体则是函数的主体部分，能够实现这个函数的具体功能。

在 C++程序中，定义函数的语法格式如下：

类型说明符 函数名(函数参数 y) {
    函数体
}

  ◇   类型说明符：用于设置函数的类型，即函数返回值的类型，例如 int、float 等。当没有返回值时，其类型说明符为 void。

  ◇   参数表：由 0 个、1 个或多个参数组成。如果没有参数则称这个函数为无参函数，反之称为有参函数。在定义函数时，参数表内给出的参数需要指出其类型和参数名。

  ◇   函数体：用于实现函数的功能。

—▌注意▐

C++不允许在一个函数体内再定义另一个函数，即不允许函数的嵌套定义。在 C++程序中，函数的参数由 0 个或多个形参变量组成，用于向函数传送数值或从函数返回数值。每一个形参都有自己的类型，形参之间用逗号分隔。

📖🔍 练一练

4-1:  显示新款 Surface Pro 的配置信息(📌源码路径：daima/4/pei.cpp)

4-2:  二进制转换为十进制函数(📌源码路径：daima/4/zhuan.cpp)

## 4.2   函数的返回值：比较两个数的大小

扫码看视频

## 4.2.1 背景介绍

暑假期间，舍友 A 在启蒙教 3 岁的侄女学数学知识。在比较数字大小时遇到了教学困难，因为年龄太小的缘故不易理解。其实在小学和中学的数学课程中都涉及了比较两个数字大小的题目，解决方法有多种，例如求差法、求商法、倒数法等。而在计算机程序中，可以直接使用比较运算来比较两个数字的大小。在本项目中创建了比较大小函数，功能是输出显示两个数字中较大的那个数字。

## 4.2.2 具体实现

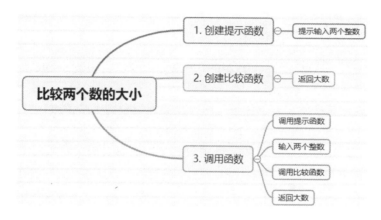

**项目 4-2** 比较两个数的大小(📎源码路径：daima/4/compare.cpp)

本项目的实现文件为 compare.cpp，具体代码如下所示。

```cpp
#include <iostream>
using namespace std;
void DisplayWelcomeMsg(){
    cout <<"请输入 i 和 j 的值(整数)："<<endl;
}
int max(int i, int j){
    if (i>=j)
        return i;
    else
        return j;
}
int main(void){  //主函数
    DisplayWelcomeMsg();
```

定义函数 DisplayWelcomeMsg()，功能是提示用户输入两个要比较的整数

定义函数 max(int i, int j)，功能是比较参数 i 和 j 的大小，然后返回大的那个数

调用函数 DisplayWelcomeMsg()显示提示信息

```
int i, j;
cin>>i>>j;
```
← 获取用户输入的两个整数,并作为函数 max()的两个参数

```
cout<<"较大的数是: "<<max(i, j)<<'\n';

return 0;
}
```
← 调用函数 max()比较两个数的大小,然后返回大的那个数

例如输入 2 和 3 后的执行结果如下:

```
请输入 i 和 j 的值(整数):
2 3
较大的数是: 3
```

## 4.2.3  无参函数和有参函数

在 C++程序中,如果从是否有参数的角度划分,可以将函数分为无参函数和有参函数两种,具体如下:

◇  无参函数:在函数定义、函数说明及函数调用中均不带参数。例如在项目 4-2 中,函数 DisplayWelcomeMsg()是一个无参函数。

◇  有参函数:也称为带参函数,在函数定义、函数说明及函数调用中均带参数。例如在项目 4-2 中,函数 max()是一个有参函数。

📖 练一练

4-3: 编写程序求 π 的值(🖋源码路径: daima/4/pai.cpp)

4-4: 编写函数计算回文数(🖋源码路径: daima/4/hui.cpp)

## 4.2.4  函数的返回值

函数的返回值是指函数在执行完毕后返回给主调函数的值,当函数返回值之后表示函数已经执行完毕。在 C++程序中,使用关键字 return 返回一个返回值,当函数执行到 return 语句时会返回一个值并结束函数的执行,即使后面还有语句也不会再执行了。使用 return 的语法格式如下:

**return** (表达式); ← 例如在项目 4-2 中,函数 max()的返回值是较大的那个数

上述格式将"表达式"返回给主调函数,返回值的类型可以是 char、int、float、double,也可以是在本书后面将学到的指针、类、自定义数据类型等。

## 4.2.5 形参与实参

函数的参数分为形参和实参两种，定义函数及说明时的参数称为形式参数(简称为形参)，在调用函数时用到的参数称为实际参数(简称为实参)。在 C++程序中，形参在函数定义中出现，而实参在主调函数中出现。例如下面的代码：

```cpp
void mm(float aa, float bb){
    cout << ++ aa << endl;
    cout << ++ bb << endl;
}
```

> 在函数 mm()中分别定义了两个形参 aa 和 bb

```cpp
int main(int argc, char* argv[]){
    mm(56,34);
    return 0;
}
```

> 调用上面定义的函数 mm()，在调用时传递的参数 56 和 34 是实参

## 4.2.6 默认参数

在 C++程序中，允许为函数提供默认参数(又名缺省参数)，如果在函数声明或定义时直接对某个参数赋初始值，那么该参数就是默认参数。在调用该函数时可以省略部分或全部参数，这时就会使用默认参数进行代替。

实例 4-1 计算两个浮点数的和(源码路径：daima/4/mo.cpp)

本实例的实现文件为 mo.cpp，具体代码如下所示。

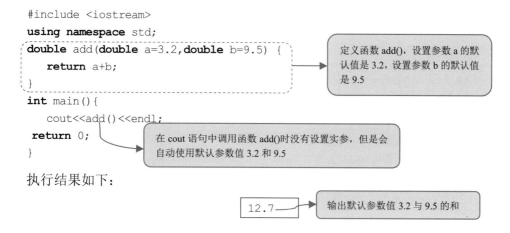

```cpp
#include <iostream>
using namespace std;
double add(double a=3.2,double b=9.5) {
    return a+b;
}
```

> 定义函数 add()，设置参数 a 的默认值是 3.2，设置参数 b 的默认值是 9.5

```cpp
int main(){
    cout<<add()<<endl;
    return 0;
}
```

> 在 cout 语句中调用函数 add()时没有设置实参，但是会自动使用默认参数值 3.2 和 9.5

执行结果如下：

```
12.7
```

> 输出默认参数值 3.2 与 9.5 的和

## 4.3 调用函数：××网笔记本电脑评分系统

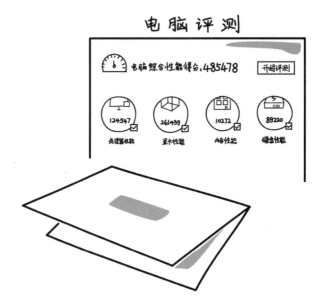

### 4.3.1 背景介绍

国内某知名网站正在对市面上主流的笔记本电脑进行评测，邀请了三名业界大咖进行评分，评分标准是先统计三位大咖对某款笔记本电脑基本的打分，然后计算平均成绩，平均成绩为这款笔记本电脑的最终得分。

### 4.3.2 具体实现

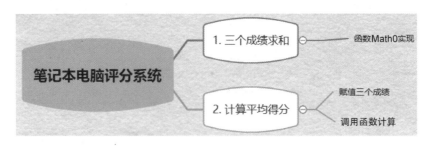

**项目 4-3** 笔记本电脑评分系统(📂源码路径：daima/4/ping.cpp)

本项目的实现文件为 ping.cpp，具体代码如下所示。

```
#include <iostream>
using namespace std;
int Math (int x, int y, int z ){
    return ( x + y + z);
}
int main(void) {
    int average = 0; //定义变量 average 的初始值是 0
    int x = 100;
    int y = 99;
    int z = 98;
    average = Math(x, y, z) / 3;
    cout << " ××网对某款笔记本电脑的评测得分是: " << average << "\n";
}
```

编写函数 Math()，功能是计算三个参数 x、y、z 的和

三位大咖对某款笔记本电脑的评分

调用函数 Math()，函数 Math()出现在表达式中

输出平均得分

执行结果如下:

××网对某款笔记本电脑的评测得分是：99

## 4.3.3　调用函数的方法

当声明并定义了一个函数后，在程序中需要通过对函数的调用来执行函数体，从而实现函数的功能。在C++程序中，调用函数的方式有以下三种。

### 1. 传值调用

在 C++程序中，传值调用是指把参数的实际值复制给函数的形式参数。在这种情况下，修改函数内的形式参数不会影响实际参数。在默认情况下，C++程序使用传值调用方法来传递参数。一般来说，这意味着函数内的代码不会改变用于调用函数的实际参数。

### 2. 函数表达式

在 C++程序中，函数可以作为表达式中的一项出现在表达式中，以函数返回值参与表达式的运算。这种方式要求函数是有返回值的。例如，z=max(x,y)是一个赋值表达式，把max 的返回值赋予变量 z。例如项目 4-3 演示了使用函数表达式调用函数的过程。

### 3. 嵌套调用

虽然在 C++程序中不能嵌套定义函数，但可以嵌套调用函数。也就是说，在调用一个函数的过程中可以再调用另一个函数。在程序中实现函数嵌套调用时，必须在调用函数之前对每一个被调用的函数作声明(除非定义在前，调用在后)。

#### 4. 递归调用

在 C++程序中，一个函数在它的函数体内调用它自身称为递归调用，将这种函数称为递归函数。在递归调用中，主调函数又是被调函数。执行递归函数将反复调用其自身，每调用一次就进入新的一层。在使用函数递归调用方法时有如下两个要素：

(1) 递归调用公式：可以将解决问题的方法写成递归调用的形式。

(2) 结束条件：确定何时结束递归。

**实例 4-2** 使用递归方法解决一道数学问题(源码路径: daima/4/di.cpp)

请看一道数学题：一组数的排列规则是 1、1、2、3、5、8、13、21、34…，请编写一个程序，能获得符合上述规则的任意位数的数值。本实例的实现文件为 di.cpp，具体代码如下所示。

```cpp
#include <iostream>
using namespace std;
long Number(int n){    //编写函数 Number 的具体功能实现
    if (n <= 0) {                   如果 n 小于等于 0，递归终止
        return 0;
    }

    else if(n > 0 && n <= 2){       如果 n 大于 0 且小于等于 2，递归终止
        return 1;
    }
    else {                          如果 n 是其他值则递归调用
        return Number(n -1) + Number(n - 2);
    }
}
int main() {
    int n;                  //定义变量 n
    long result;            //定义变量 result
    cout << "输入要计算第几个数? ";
    cin >> n;                       获取输入 n 的值，然后调用函数 Number，
    result = Number(n);             将值赋给变量 result
    cout<< "第" << n << "个数是: " << result<<endl;
    return 1;
}
```

例如输入 8 后的执行结果如下：

```
输入要计算第几个数? 8
第 8 个数是: 21
```

# 第 5 章

## 指　针

指针是 C++程序中最为重要的一种数据类型，运用指针编程是 C++语言最主要的特点之一。虽然指针的功能十分强大，但是对新手来说有些难以理解，通常被认为是学习 C++语言的最大障碍。本章将详细讲解指针的知识和使用技巧。

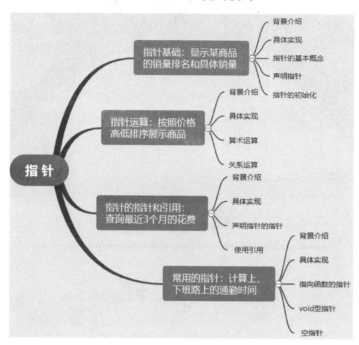

## 5.1　指针基础：显示某商品的销量排名和具体销量

扫码看视频

## 5.1.1 背景介绍

一年一度的购物节日"双十一"已经启幕，各大电商平台使出浑身解数吸引消费者。双十一首日，某品牌手机取得了不俗的战绩，作为行业后来者，取得了全网同类商品销量第 5 的好名次，销量达到了 10 万部。

## 5.1.2 具体实现

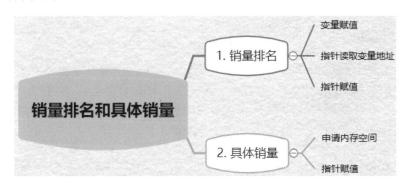

项目 5-1 显示某商品的销量排名和具体销量(📌源码路径：daima/5/chu.cpp)

本项目的实现文件为 chu.cpp，具体代码如下所示。

```cpp
#include <iostream>
using namespace std;
int main(void){
    int zhizhen = 5;
    int *p1 = &zhizhen;
    int *p2 = p1;
    int *p3 = 0;
    cout <<"A 网同类商品销量排名: 第 "<<*p1 <<"名"<< endl;
    cout <<"B 网同类商品销量排名: 第 " << *p2 << "名" << endl;
    p3 = new int;
    *p3 = 10;
    cout << "销量: " << *p3 << "万" << endl;
    delete p3;
    p3 = 0;
    return 0;
}
```

第 1 行：为 int 型变量 zhizhen 赋值 5
第 2 行：声明指针 p1，赋值取变量 zhizhen 的地址
第 3 行：声明指针 p2，赋值和 p1 相同
第 4 行：声明指针 p3，赋值为 0

使用关键字 new 申请内存空间，然后将指针变量重新赋值为 10

使用关键字 delete 释放内存空间，然后将 p3 置空

在上述代码中，指针变量 p1、p2 的初始化和赋值是一样的过程，而 p3 则是先初始化，再赋值。赋给 p1 的是变量 zhizhen 的地址，由取地址运算符取出。赋给 p2 的则是 p1 的指针，p2 和 p1 都指向变量 zhizhen。p3 则是先初始化为空指针，再用 new 申请存储单元，然后再赋值。通过间接访问，将 10 保存到 p3 中。执行结果如下：

A 网同类商品销售排名：第 5 名
B 网同类商品销售排名：第 5 名
本月销量：10 万

## 5.1.3　指针的基本概念

计算机中，所有的数据都被存放在存储器中。通常把存储器中的一个字节称为一个内存单元，不同的数据类型所占用的内存单元数不等，例如整型量占 2 个单元，字符量占 1 个单元等。为了正确地访问这些内存单元，必须为每个内存单元设置一个编号。内存单元的编号也叫作地址，根据一个内存单元的编号即可准确地找到该内存单元，在计算机编程语言中，通常也把这个地址称为指针。

内存单元的指针和内存单元的内容不是两个相同的概念，可以用一个通俗的例子来说明它们之间的关系。例如我们到银行去存、取款时，银行工作人员将根据我们的账号去找存款单，找到之后在存单上写入存款、取款的金额。在这里，账号就是存单的指针，存款数是存单的内容。对于一个内存单元来说，单元的地址即为指针，其中存放的数据才是该单元的内容。在 C++语言中，允许用一个变量来存放指针，这种变量称为指针变量。因此，一个指针变量的值就是某个内存单元的地址或称为某内存单元的指针。如图 5-1 所示，设有字符变量 C，其内容为 "K" (ASCII 码中 K 的十进制码值是 75)，C 占用了 011A 号单元(地址用十六进制数表示)。设有指针变量 P，内容为 011A，这种情况称为 P 指向变量 C，或说 P 是指向变量 C 的指针。

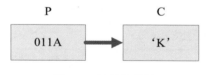

图 5-1　地址和指针

指针、变量和常量三者之间有什么关系呢？从严格意义上来说，一个指针是一个地址，是一个常量。而一个指针变量却可以被赋予不同的指针值，是变量。通常把指针变量简称为指针。为了避免混淆，我们约定"指针"是指地址，是常量，"指针变量"是指取值为地址的变量。定义指针的目的是通过指针去访问内存单元。

既然指针变量的值是一个地址，那么这个地址不仅可以是变量的地址，也可以是其他数据结构的地址。在一个指针变量中存放一个数组或一个函数的首地址有什么意义呢？因为数组或函数都是连续存放的。通过访问指针变量取得了数组或函数的首地址，也就找到了该数组或函数。这样一来，凡是出现数组、函数的地方都可以用一个指针变量来表示，只要该指针变量中赋予数组或函数的首地址即可。这样做，会使程序的概念十分清楚，程序本身也精练、高效。在 C++语言中，一种数据类型或数据结构往往都占有一组连续的内存单元。用"地址"这个概念并不能很好地描述一种数据类型或数据结构，而"指针"虽然实际上也是一个地址，但它却是一个数据结构的首地址，它是"指向"一个数据结构的，因而概念更为清楚，表述更为明确。这也是引入"指针"概念的一个重要原因。

## 5.1.4　声明指针

在 C++语言中使用指针之前必须先声明指针，声明指针的语法格式如下：

<类型名>*<变量名>;

其中参数说明如下。

◇　<类型名>：是指针变量所指向对象的类型，它可以是 C++的内置类型，也可以是用户自定义的类型。

◇　<变量名>：是用户自定义的变量，需要遵循变量的命名规则。

◇　符号*：表示<变量名>是一个指针变量，而不是普通变量。

例如下面分别声明了整型指针 ip1、ip2 和 float 型指针 fp：

```
int *ip1,ip2;      //声明了 1 个指针变量 ip1 和 1 个普通变量 ip2
float *fp;         //声明了 1 个指针变量 fp
```

## 5.1.5　指针的初始化

在 C++程序中，可以使用"*"操作符为指针赋初始值，使用"&"操作符取得指针的地址并赋值给一个指针，两个操作符的具体说明如下：

◇　"*"操作符：在 C++程序中，"*"操作符也被称为间接访问运算符，用来为指针赋值。使用"*"操作符为指针赋值的语法格式如下：

*p=常量;

*p=var;　　　　第 1 个式子能够直接将常量送到 p 所指的单元；第 2 个式子是将变量 var 的值送入到 p 所指向的单元内；第 3 个是读取指针 p 所指向的数据并赋给 var

var=*p;

✧ "&"操作符：在使用"*"操作符为指针赋值后，可以使用"&"操作符取得指针的地址。看下面的代码：

```
int zhizhen = 5
int *p1 = &zhizhen;
```

> 首先创建了 int 型变量 zhizhen 并赋值为 5，然后将变量 zhizhen 的地址赋值给 int 型指针 p1

📖🔍 练一练

5-1：指针的赋值运算(🔧源码路径：daima/5/zhi.cpp)

5-2：创建并使用指针(🔧源码路径：daima/5/chuang.cpp)

## 5.2 指针运算：按照价格高低排序展示商品

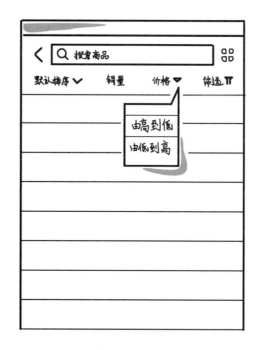

扫码看视频

### 5.2.1 背景介绍

大家在登录电商平台购买商品时，通常会对价格比较敏感。为此电商平台提供了商品排序功能，可以选择按照价格从高到低或从低到高展示商品。假设现在提供了 8 款同类商品的价格，请分别按照价格由高到低、由低到高排序商品。

## 5.2.2　具体实现

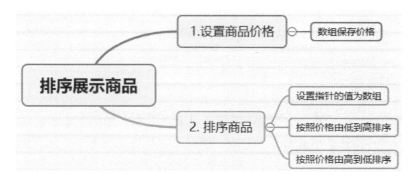

项目 **5-2**　按照价格高低排序展示商品(📁源码路径：daima/5/pai.cpp)

本项目的实现文件为 pai.cpp，具体代码如下所示。

```cpp
#include <iostream>
using namespace std;

int main(){
    const int SIZE = 8;
    int set[] = { 5, 10, 15, 20, 25, 30, 35, 40 };

    int *numPtr = set;
    cout << "商品按照价格由低到高排序：\n";
    cout << *numPtr << " ";   //显示第一个元素
    while (numPtr < &set[SIZE - 1]){
        numPtr++;
        cout << *numPtr << " ";
    }
    cout << "\n 商品按照价格由高到低排序：\n";
    cout << *numPtr << " ";
    while (numPtr > set){
        numPtr--;
        cout << *numPtr << " ";
    }
}
```

注意：本实例用到了数组的知识，有关数组的知识将在本书第 6 章的内容中进行讲解

定义整数类型数组 set，里面有 8 个元素

设置指针 numPtr 的值为数组

按照价格由低到高排序

按照价格由高到低排序

执行结果如下：

```
商品按照价格由低到高排序：
5 10 15 20 25 30 35 40
商品按照价格由高到低排序：
40 35 30 25 20 15 10 5
```

## 5.2.3　算术运算

在 C++程序中，指针是一个变量，指针变量可以像 C++中的其他普通变量一样进行运算处理。但是 C++指针的运算种类很有限，而且变化规律要受其所指向类型的制约。C++中的指针一般会接受赋值运算、部分算术运算、部分关系运算。接下来首先看算术运算。

C++程序中指针只能完成两种算术运算：加和减。指针变量存储的是地址值，对指针的运算就是对地址进行运算。指针的加减运算不是单纯地在原地址基础上加减 1，而是加减一个数据类型的长度。所以，指针运算中"1"的意义随数据类型的不同而不同。例如指针是整型指针，那么每加减一个 1，就表示将指针的地址向前或后移动一个整型类型数据的长度，即地址要变化 4 个字节，移动到下一个整型数据的首地址上。这时"1"就代表 4。如果是 double 型，那么"1"就代表 8。

## 5.2.4　关系运算

在 C++程序中，指针之间除了可以进行算术运算外，还可以进行关系运算。指针的关系运算是比较地址间的关系，这包括两方面：一方面是判断指针是否为空，另一方面是比较指针的相对位置。进行关系运算的两个指针必须具有相同的类型。假如有相同类型的两个指针 p1 和 p2，则 p1 和 p2 间的关系运算过程如下：

- ◇　p1==p2：判断 p1 和 p2 是否指向同一个内存地址；
- ◇　p1>p2：判断 p1 是否处于比 p2 高的高地址内存位置；
- ◇　p1>=p2：判断 p1 是否处于不低于 p2 的内存位置；
- ◇　p1<p2：判断 p1 是否处于比 p2 低的低地址内存位置；
- ◇　p1<=p2：判断 p1 是否处于不高于 p2 的内存位置。

以上 5 种是判断两个指针之间的比较，下面 4 种判断指针是否为空。

- ◇　p1==0：判断 p1 是否是空指针，即什么都不指；
- ◇　p1==NULL：含义同上；
- ◇　p1!=0：判断 p1 是否不是空指针，即指向某个特定地址；
- ◇　p1!=NULL：含义同上。

> **▪注意▪**
>
> 　　C++程序中并没有规定空指针必须指向内存中的什么地方，具体用什么地址值来表示空指针取决于系统的实现。因此，NULL 并不总等于 0。这就存在了零空指针和非零空指针两种，但是 C++倾向于使用零空指针。

> **▣◖ 练一练**
>
> 5-3：用指针实现数据交换(📁源码路径：daima/5/Change.cpp)
>
> 5-4：变量的存储地址(📁源码路径：daima/5/struct.cpp)

## 5.3　指针的指针和引用：查询最近 3 个月的花费

扫码看视频

### 5.3.1　背景介绍

　　每当月底来临，大学生的钱包总是比空气还轻。最近，舍友 A 也碰上了财务危机，开始怀疑是不是有黑客悄悄动了手脚，于是他决定仔细查看自己的账单。经过几天的认真排查和统计，结果出来了——原来是自己花钱太大手大脚了，跟黑客毫无关系。

## 5.3.2 具体实现

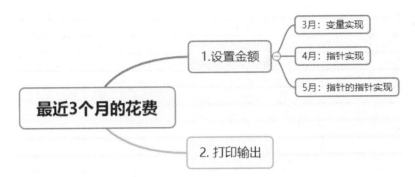

**项目 5-3** 查询最近 3 个月的花费(源码路径：daima/5/hua.cpp)

本项目的实现文件为 hua.cpp，具体代码如下所示。

```cpp
#include <iostream>
using namespace std;
int main(){
    int var;                                          定义整数类型变量 var
    int *ptr;                                         定义整数类型指针 ptr
    int **pptr;                                       定义整数类型指针的指针 pptr
    var = 1500;              //给变量 var 赋值
    ptr = &var;             //获取 var 的地址
    pptr = &ptr;            //使用运算符 & 获取 ptr 的地址
    cout << "3 月份的花费为:" << var << endl;
    cout << "4 月份的花费为:" << *ptr << endl;
    cout << "5 月份的花费为:" << **pptr << endl;
    return 0;
}                            依次输出显示 var、ptr、pptr 的值
```

执行结果如下：

```
3 月份的花费为:1500
4 月份的花费为:1500
5 月份的花费为:1500
```

## 5.3.3 声明指针的指针

在 C++程序中，指针的指针意味着指针所指向的内容仍然是另一个指针变量的地址。

指针的指针是 C++语言中的难点之一，不容易理解。声明指针的指针的语法格式如下：

```
type **ptr;
```

为了理解指针的指针的作用，我们先来看变量和指针的访问方式。在 C++程序中，直接访问内存单元的变量操作称为直接访问，而通过指针访问内存单元则称为间接访问。指针直接指向数据单元时，称为单级间址，其定义时使用一个号。而如果指针指向的内容本身是一个地址，这个地址再指向真正的数据单元，那么这种指针叫做二级间址，其定义时使用两个号。假如存在一个字符变量 ch='a'，则让指针 ptr1 指向 ch，指针 ptr2 指向 ptr1 的代码如下：

```
char ch='a';
char ptr1=&ch;
char **ptr2;
*ptr2=&ptr1;
```

指针的指向关系如图 5-2 所示。

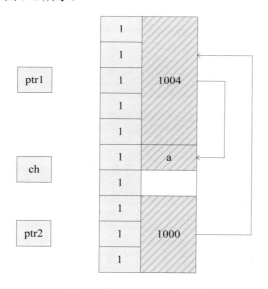

**图 5-2 单级间址与二级间址**

在图 5-2 中，变量 ch 被存放在 1004 单元中，字符变量占一个字节。ptr1 存放在 1000 开始的 4 字节内存单元中(指针是无符号整型数，占 4 字节)，它的内容是 ch 所在单元地址 1004。ptr2 放在 1006 开始的 4 字节中，其内容是 ptr1 所在的内存块的首地址。它们之间的指向关系如图 5-2 中的箭头所示。从图 5-2 可见，如果用 ptr1 访问 ch，则只需要一次跳转就可寻径到 ch。而如果通过 ptr2 访问 ch，则需要先跳转到 ptr1，再跳转到 ch。在具体 C++

程序中，定义中存在几个*号就是几级间址，访问到最终数据单元时就需要几级跳转。例如下面的代码中，aa 的内容是地址，*aa 是指针。继续向左，又是*，表明*aa 的内容是地址，**aa 是指针。再向左，还是*，表明**aa 内容依然是地址，***aa 是指针。最后再向左是 int，没有了*，表明***aa 的内容是整型数据。

```
int ***aa;              //三级间址
int ****aa;             //四级间址
```

📖🔍 练一练

5-5：一个指针间接指向到另一个指针(📗源码路径：daima/5/zhizhi.cpp)

5-6：指针的指针的定义与初始化(📗源码路径：daima/5/chushi.cpp)

## 5.3.4　使用引用

引用的含义是别名或同义词，它是同一块内存单元的不同名称。引用常用于替代传值方式，传递参数和返回值，具有指针的特点。通过使用引用，可以节省内存复制带来的开销。在 C++程序中，使用引用的语法格式如下：

```
type &ref=var;
```
> type 是类型名称，&是引用的说明符，ref 是引用的名称，var 是与引用同类型的变量名称

上述格式表示定义一个引用，该引用是 var 的别名，与 var 使用同样的内存单元。初学者很容易把引用和指针混淆。例如下面的代码中，n 是 m 的一个引用，m 是被引用物。

```
int m;
int &n = m;
```
> n 相当于 m 的别名(绰号)，对 n 的任何操作就是对 m 的操作。所以 n 既不是 m 的拷贝，也不是指向 m 的指针，其实 n 就是 m 自己。

在 C++程序中，使用引用的规则如下：

❖　引用被创建的同时必须被初始化(指针则可以在任何时候被初始化)；

❖　不能有 NULL 引用，引用必须与合法的存储单元关联(指针则可以是 NULL)；

❖　一旦引用被初始化，就不能改变引用的关系(指针则可以随时改变所指的对象)。

实例 5-1　测试引用与变量是否使用同一块内存单元(📗源码路径：daima/5/ceshi.cpp)

在实例文件 ceshi.cpp 中，首先定义变量 x 的初始值是 100，然后定义引用 ref，并引用 x 的值 100，具体代码如下所示。

```
#include <iostream>
using namespace std;
int main(void){
```

```
short x=100;         //定义变量 x 的初始值是 100
short &ref=x;
short *varies1=&x;
short *varies2=&ref;
```

定义引用 ref，引用变量 x

varies1 指向 x，varies2 指向 ref

```
cout << "测试引用与变量是否使用同一块内存单元: " << endl;
    cout<<varies1<<endl;              //输出地址
    cout<<varies2<<endl;              //输出地址
    cout<<*varies1<<endl;            //输出内容
    cout<<*varies2<<endl;            //输出内容
    return 0;
}
```

在上述代码中，ref 引用了 x，指针 p1 指向 x，p2 指向 ref。执行结果如下：

```
测试引用与变量是否使用同一块内存单元:
0x71feb2
0x71feb2
100
100
```

从执行结果可以看出，变量 x 和其引用 ref 使用的内存单元是一样的。而且最后一条语句的输出也表明 ref 与 x 是一样的，p2 和 p1 都指向 x

## 5.4　常用的指针：计算上下班路上的通勤时间

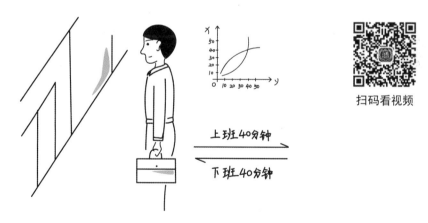

扫码看视频

### 5.4.1　背景介绍

堵车是世界范围内大、中型城市的通病，无论是上班族，还是学生一族，在赶时间时最害怕的便是堵车。假设某程序员从自己家去公司上班需要花费 40 分钟，下班回家也需要花费 40 分钟。请编写一个函数，并将这个函数作为指针，然后输出显示这名程序员每天上下班路上的通勤时间。

## 5.4.2　具体实现

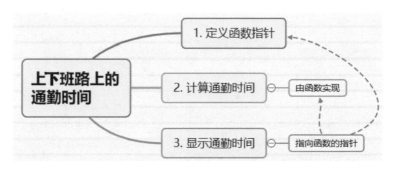

项目 **5-4**　计算每天上下班路上的通勤时间( 源码路径: daima/5/tong.cpp)

本项目的实现文件为 tong.cpp，具体代码如下所示。

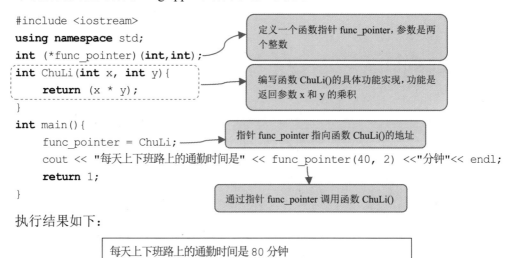

执行结果如下：

> 每天上下班路上的通勤时间是 80 分钟

## 5.4.3　指向函数的指针

　　在 C++程序中，虽然函数本身不是变量，但是可以定义指向函数的指针，即函数指针。指向函数的指针可以被传递给函数及作为函数的返回值等，函数的名字代表函数的入口地址，用于存放一个函数的入口地址，指向一个函数。通过函数指针可以调用函数，这与通过函数名直接调用函数是相同的。在 C++程序中，定义函数指针的语法格式如下：

数据类型 (*指针变量名)(函数形参表);

其中，"数据类型"是指此指针所指向的函数的返回值类型。示例代码如下：

```
int (*p1)(int);
int *p2(int);
```

p1 是指向(有一个 int 形参、返回整型数据的)函数的指针
p2 是一个函数，有一个 int 类型的形参，返回值为指向整型的指针

在 C++程序中，函数指针一经定义，可指向函数类型相同(即函数形参的个数、形参类型、次序以及返回值类型完全相同)的不同函数。例如：

```
int max(int, int);
int min(int,int);
int (*p)(int, int);
```

在具体应用时，需要给函数指针赋值，使指针指向某个特定的函数，具体格式如下：

函数指针名 = 函数名;

例如下面的代码将函数 max()的入口地址赋值给 p 指针，则 p 指向函数 max()。

```
p = max;
```

也可以用函数指针变量调用函数，具体格式如下：

(*函数指针)(实参表);

📖🔍 练一练

5-7：将指针作为函数的参数(📗源码路径：daima/5/zhican.cpp)

5-8：计算两个参数的和(📗源码路径：daima/5/he.cpp)

## 5.4.4　void 型指针

在 C++程序中，void 型指针是无类型指针，它没有类型，只是指向一块申请好的内存单元。使用 void 型指针的语法格式如下：

```
void *p;
```

在上述格式中，void 表示"无类型"，表示不明确指针所指向的内存单元应该按什么格式来处理。p 是指针变量名。上述格式的含义是定义了一个指针 p，但不规定应该按何种格式来解释其指向的内存单元的内容。由于 void 只是说明被修饰的对象无类型，却不分配内存，所以除指针外不能定义其他类型变量。因为指针本身的存储空间是定义时就申请好

的，其指向的内存单元可以在需要时再申请。但是其他类型，如 int、float 等，则必须定义即申请，否则没有内存单元来存放数据。例如下面的代码中，第 1 条语句是允许的，但第 2 条语句是不允许的。实际上，void 几乎只是在"说明"被定义变量的类型，不涉及内存的分配。

```
void *p;
void x;
```

**实例 5-2** 使用 void 型指针(📝源码路径：daima/5/void.cpp)

在实例文件 void.cpp 中分别定义了 void 型指针 zhizhen1 和 char 类型指针 zhizhen2，代码如下：

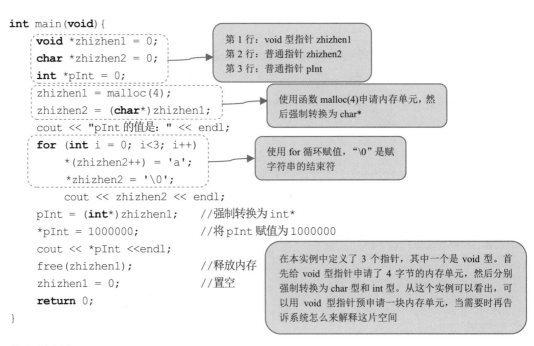

执行结果如下：

```
pInt 的值是：
1000000
```

## 5.4.5　空指针

空指针是指什么都不指的指针，表示该指针没有指向任何内存单元。在 C++程序中，有如下两种构造空指针的方法：

◇　赋值为 0：这是唯一的允许不经转换就赋给指针的数值；

◇　赋 NULL 值：NULL 值往往等于 0，两者等价。

空指针示例代码如下：

```
p=0;
p=NULL;
```

在 C++程序中，空指针常用来初始化指针，避免野指针的出现。但是直接使用空指针也是很危险的。例如，语句 "cout<<*p<<endl;"，如果 p 是空指针，程序就会异常退出。因此，对于空指针不能进行*操作。

**实例 5-3**　查看内存地址(源码路径：daima/5/nei.cpp)

在实例文件 nei.cpp 中定义了一个整数类型的空指针 zhizhen，代码如下：

```
#include <iostream>
using namespace std;
int main(void){
    int *zhizhen=0;
    cout<<zhizhen<<endl;
    zhizhen=new int;
    cout<<zhizhen<<endl;
    delete zhizhen;          //释放
    zhizhen=0;               //置空
    return 0;
}
```

创建空指针 zhizhen，然后使用 cout 语句输出其地址

给 zhizhen 申请内存空间，然后使用 cout 语句输出其地址

在上述代码中定义了一个指针 pInt，它被初始化为空。然后用 new 关键字申请内存单元，在程序的最后一定要对 pInt 置空，否则会出现指针悬挂。由于 zhizhen 被初始为空指针，所以申请内存前其地址为 0。申请成功后，zhizhen 得到了一个 4 字节单元的地址。执行结果如下：

```
0
0xe92fb0
```

# 第 6 章

数组、枚举、结构体和
共用体

我们可以将前面所学的基本数据类型(整型、浮点型等)组合成为更加复杂的类型，这就是复合数据类型。在 C++程序中，常用复合数据类型有数组、枚举、结构体和共用体。本章将详细介绍 C++中复合数据类型的基本知识。

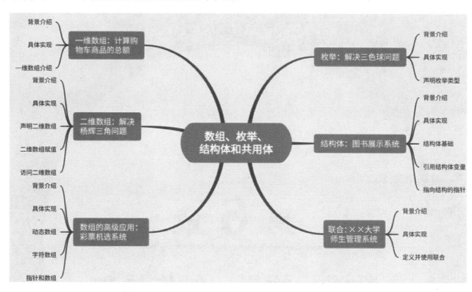

## 6.1 一维数组：计算购物车商品的总额

扫码看视频

## 6.1.1　背景介绍

一年一度的双十一购物节即将来临，我将中意的商品都放到了购物车，然后美美地睡了一觉，还做了一个美梦：梦中有一个盖世英雄在双十一那天出现，他身披金甲圣衣，脚踏七色祥云，清空了我的购物车。本程序将展示使用 C++统计购物车中所有商品的总额。

## 6.1.2　具体实现

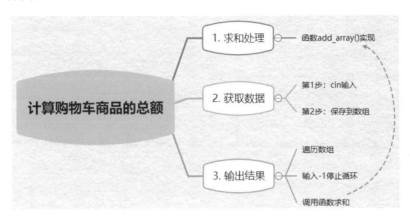

**项目 6-1**　计算购物车商品的总额(　源码路径：daima/6/sum.cpp)

本项目的实现文件为 sum.cpp，具体代码如下所示。

```
#include <iostream>
using namespace std;
void add_array(int a, int *sum)
{
    *sum+=a;
}
int main()
{
    int s[10];
    int i=0;
    int sm=0;
```

创建函数 add_array()，功能是计算各个参数 sum 的和

```
int *sum=&sm;
cin>>s[i];
```

→ 提示用户输入各个商品的花费金额

```
while(s[i]!=-1){
    add_array(s[i],&sm);
    i++;
    cin>>s[i];
}
```

→ 如果用户输入-1 则停止循环，然后调用函数 add_array()计算各个商品花费金额的和

```
cout<<"购物车内的商品需要花费"<<sm<<"元"<<endl;
return 0;
}
```

例如输入 66 77 88 99 -1 后的执行结果如下：

```
66 77 88 99 -1
购物车内的商品需要花费 330 元
```

## 6.1.3　一维数组介绍

在本书前面的内容中，处理的大部分数据都属于"简单的"数据类型，这体现在整数、浮点数、字符等数据类型的每个变量只能存储单个值。本节将要介绍复杂数据类型的知识，这些复杂数据类型的共同特点是每个变量均可以存储多个数据信息。下面首先讲解一维数组的知识。

在 C++程序中，数组可以存储一个固定大小的相同数据类型的元素。也就是说，数组是用来存储一系列数据，并且这一系列数据具有相同的数据类型。在使用数组时需要遵循声明、初始化赋值和访问的顺序进行。

### 1. 声明数组

在 C++程序中，声明一维数组的语法格式如下：

```
type name[表达式];
```

其中参数说明如下。

◇　type：代表数组的类型。

◇　name：是数组变的名字(仍须遵守与其他变量相同的命名规则)。

◇　表达式：是该数组所能容纳的数据项的个数(数组中的每一项数据称为一个元素)。

例如下面的代码声明了一个能够容纳 10 个浮点数的数组：

```
float myArray[10];
```

**2．初始化赋值**

在 C++程序中，既可以对单个元素逐一赋值，也可以用一个初始化语句进行聚合赋值，具体介绍如下：

◇　单一数组元素的赋值：请看下面的代码，首先声明了 int 型数组 a，然后分别为数组中的 3 个元素赋值为 10、20 和 30。

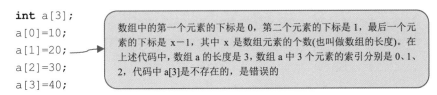

```
int a[3];
a[0]=10;
a[1]=20;
a[2]=30;
a[3]=40;
```

数组中的第一个元素的下标是 0，第二个元素的下标是 1，最后一个元素的下标是 x−1，其中 x 是数组元素的个数(也叫做数组的长度)。在上述代码中，数组 a 的长度是 3，数组 a 中 3 个元素的索引分别是 0、1、2，代码中 a[3]是不存在的，是错误的

◇　聚合赋值：请看下面的代码，首先声明了 double 型数组 balance，然后使用大括号同时赋值了数组内的 3 个元素。

```
double balance[5] = {1000.0, 2.0, 3.4};
```

上述代码，将 balance[0]赋值为 1000.0，balance[1] 赋值为 2.0，balance[2] 赋值为 3.4。

**3．访问数组**

访问数组就是使用数组中的某个元素，因为在一个数组中可以包含多个值，所以在访问各元素时会稍微复杂一些，需要通过数组的下标来访问某给定数组里的各个元素。在 C++程序中，访问一维数组的语法格式如下：

```
name[下标];
```

其中参数说明如下。

◇　name：是数组变的名字(仍须遵守与其他变量相同的命名规则)；

◇　下标：是数组中某个具体元素的索引，数组的下标是一组从 0(注意：不是 1)开始编号的整数，最大编号等于数组元素的总个数减去 1。

例如下面的演示代码：

```
myArray[0] = 42.9;
cout << myArray[0];
```

首先将数组 myArray 中的第一个元素赋值为 42.9，然后使用 myArray[0]访问数组中的第一个元素，并在 cout 语句中打印输出这个元素

一般来说，只对数组中的个别元素进行处理的程序并不多见，绝大多数程序会利用循环语句来访问数组中的所有元素，例如项目 6-1 演示了利用 while 循环遍历数组元素的用法，再例如下面使用 for 循环遍历数组元素的演示代码。

```
for(int i = 0; i < x; ++i) {
```

　　处理语句
　　}

上述 for 循环将循环遍历数组中的每一个元素，从 0 到 x-1。这里唯一需要注意的是，必须提前知道这个数组里有多少个元素(即 x 到底是多少)。在声明一个数组以及通过循环语句访问它时，最简单的办法是用一个常量来代表这个值。

> 📖🔍 **练一练**
>
> 6-1: 计算参赛队员的平均成绩(📌源码路径：daima/6/ping.cpp)
> 6-2: 打印输出及格的成绩(📌源码路径：daima/6/cheng.cpp)

## 6.2　二维数组：解决杨辉三角问题

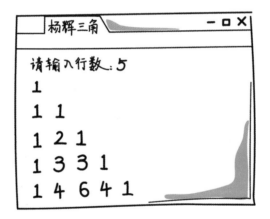

扫码看视频

### 6.2.1　背景介绍

杨辉三角是二项式系数在三角形中的一种几何排列，中国南宋数学家杨辉 1261 年所著的《详解九章算法》一书中出现(书中注明"贾宪用此术")。在欧洲，帕斯卡(1623—1662)在 1654 年发现这一规律，所以又叫做帕斯卡三角形。帕斯卡的发现比杨辉要迟 393 年，比贾宪要迟 600 年。杨辉三角的基本性质如图 6-1 所示。

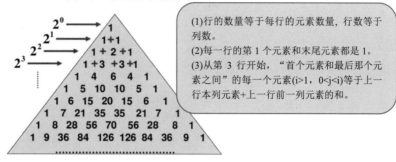

图 6-1 杨辉三角的基本性质

请编写一个 C++程序解决杨辉三角问题，提示用户输入查询前几行以内的杨辉三角，例如输入 5，按 Enter 键后将展示前 5 行杨辉三角的内容。

## 6.2.2 具体实现

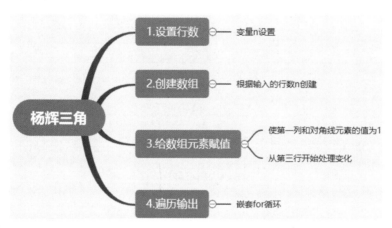

项目 6-2 解决杨辉三角问题( 源码路径：daima/6/yang.cpp)

杨辉三角最终显示效果是一个等腰三角形，两个最外边都是 1。杨辉三角的根本在于每个数等于它上方两数之和。本项目的实现文件为 yang.cpp，具体代码如下所示。

```cpp
#include <iostream>
#include <iomanip>
using namespace std;
int main(){
```

```
const int n=11;
int i,j,a[n][n];
```

变量 n 在此处起到了限制输出行数的作用

创建二维数组 a

```
//使第一列和对角线元素的值为1
for (i=1;i<n;i++){
    a[i][i]=1;//使最右侧边全为1
    a[i][1]=1;//使最左侧边全为1
}
```

前两行全为1，拿出来单独处理

```
//从第三行开始处理
for (i=3;i<n;i++)
  for (j=2;j<=i-1;j++) //j 始终慢 i 一步
    a[i][j]=a[i-1][j-1]+a[i-1][j];
```

每个数等于它上方两数之和，如 a32=a21+a22

```
for (i=1;i<n;i++){ //从第一行开始
    for (j=1;j<=i;j++)//利用 j 将每一行的数据全部输出
    cout<<setw(5)<<a[i][j]<<" ";
    cout<<endl;
}
cout<<endl;
return 0;
}
```

遍历输出二维数组中各个元素的值

注意 在 C++程序中，内置库函数 setw(int n)用来控制输出间隔，这里是指前元素末尾与后元素末尾之间有个 5 空格

执行结果如下：

```
    1
    1    1
    1    2    1
    1    3    3    1
    1    4    6    4    1
    1    5   10   10    5    1
    1    6   15   20   15    6    1
    1    7   21   35   35   21    7    1
    1    8   28   56   70   56   28    8    1
    1    9   36   84  126  126   84   36    9    1
```

## 6.2.3　声明二维数组

多维数组是指数组元素的下标是 2 个或 2 个以上的数组。在实际项目应用中，最常用的是有 2 个下标的数组，即二维数组。在 C++程序中，声明二维数组的语法格式如下：

```
type name[表达式1][表达式2];
```

其中参数说明如下。

- ◇ type：数组的类型。
- ◇ name：数组变的名字(仍须遵守与其他变量相同的命名规则)。
- ◇ [表达式 1]、[表达式 2]：是该数组所能容纳的数据项的个数(数组中的每一项数据称为一个元素)。

例如下面的代码声明了一个整型二维数组，包含 3 个元素的数组，这 3 个元素中的每个元素都包含 4 个整数：

```
int a[3][4];
```

在第 1 个中括号里的数字设置了主数组的元素个数，第 2 个中括号中的数字设置了每个子数组的元素个数。我们可以将二维数组看作是棋盘中的行和列，例如将上述数组 a 看作是一个拥有 3 行 4 列数据的数组，如图 6-2 所示。

|  | Column 0 | Column 1 | Column 2 | Column 3 |
|---|---|---|---|---|
| Row 0 | a[0][0] | a[0][1] | a[0][2] | a[0][3] |
| Row 1 | a[1][0] | a[1][1] | a[1][2] | a[1][3] |
| Row 2 | a[2][0] | a[2][1] | a[2][2] | a[2][3] |

图 6-2　一个二维数组

在图 6-2 中，数组中的每个元素是使用形式为 a[i,j] 的元素名称来标识的，其中 a 是数组名称，i 和 j 是唯一标识 a 中每个元素的下标索引。

## 6.2.4　二维数组赋值

在 C++程序中，既可以对二维数组的单个元素逐一赋值，也可以用一个初始化语句进行聚合赋值。请看下面的代码：

```
int myArray[3][4];
a[0][1]=10;
```

> 首先声明了 int 型数组 myArray，然后为数组中索引为[0][1]的元素赋值为 10

下面的代码，首先声明了 int 型数组 balance，然后使用大括号同时赋值了数组内的 6个元素。

```
int balance[2][3] = {1, 2, 3, 4, 5, 6};
```

当第一个表达式为空时，数组大小和一维数组一样将由初始化数组元素的个数来隐式指定数组的维数。下面的代码，创建了二维数组 array_2[ ][3]，列数被显式指定为 3，行数被隐式指定为 2。

```
int array_2[][3]= {1,2,3,4,5,6};
```

在 C++程序中，也可以通过在括号内为每行指定一个值的方式来进行初始化。例如下面是一个拥有 3 行 4 列数据的数组，在每个小括号中为每行元素进行了初始化赋值。

```
int a[3][4] = {
    {0, 1, 2, 3} ,    //初始化索引号为 0 的行
    {4, 5, 6, 7} ,    //初始化索引号为 1 的行
    {8, 9, 10, 11}    //初始化索引号为 2 的行
};
```

## 6.2.5　访问二维数组

访问数组就是使用数组中的某个元素。在 C++程序中，访问二维数组的语法格式如下：

name[下标1][下标2];

例如下面的代码中，首先将数组 myArray 中的第一个元素赋值为 42.9，然后使用 myArray[0]访问数组中的第一个元素，并在 cout 语句中打印输出这个元素。

```
myArray[0][1] = 42.9;
cout << myArray[0][1];
```

要想遍历一个二维数组中的所有元素，需要使用两个循环实现，其中一个嵌套在另一个的内部。外层的循环用来访问每一个子数组(行元素：比如从 myArray[0]到 myArray[4])；内层的循环用来访问子数组里的每一个元素(列元素：比如从 myArray[x][0]到 myArray[x][9])。根据具体的编程需要，多维数组的维数可以无限扩大，但保存在多维数组里的每一个值必须是同样的类型(例如字符、整数、浮点数，等等)。

在 C++程序中，可以每次只输出一个数组元素的值。但是下面这种做法是错误的，虽然有输出，但不是我们想要的结果。

```
int numbers[] = {345, 56, 89};
 std::cout << numbers;
```

> 📖🔍 练一练
>
> 6-3：输出数组中对角线上的字符(📗源码路径：daima/6/dui.cpp)
>
> 6-4：输出二维数组中的所有元素(📗源码路径：daima/6/suo.cpp)

## 6.3 数组的高级应用：彩票机选系统

扫码看视频

### 6.3.1 背景介绍

你是不是曾经有过彩票发财的梦想，双色球 500 万？这只是小梦想而已，我的梦想是 10 倍大乐透特等奖。假设某彩票中心准备上市 23 选 5 玩法，请编写一个机选程序，帮助选出 4 注彩票号码。

### 6.3.2 具体实现

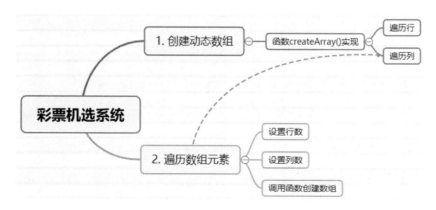

**项目 6-3** 彩票机选系统( 源码路径：daima/6/cai.cpp)

本项目的实现文件为 cai.cpp，具体代码如下所示：

```cpp
#include <iostream>
using namespace std;
void createArray(int size_m, int size_n){
    float **arr = new float *[size_m];
    for (int i = 0; i < size_m; i++){ //遍历行，例子中是 4 行
        arr[i] = new float[size_n];
        for (int j = 0; j <size_n; j++){   //遍历列，例子中是 5 列
            arr[i][j] = (float)((i + 1) * 2 + j + 1);
            cout << arr[i][j] << " ";
        }
        cout << endl;
    }
    for (int i = 0; i < size_m; i++){
        delete[] arr[i];
    }
    delete[] arr;
}
int main(){
    int size_m = 4;        //设置生成 4 行
    int size_n = 5;        //设置生成 5 列
    createArray(size_m, size_n);
    return 0;
}
```

创建函数 createArray()，功能是创建 size_m 行、size_n 列的数组，并遍历输出数组中的元素

释放内存空间

创建 4 行 5 列的数组，并输出显示数组内的元素

执行结果如下：

```
3 4 5 6 7
5 6 7 8 9
7 8 9 10 11
9 10 11 12 13
```

## 6.3.3 动态数组

在编程过程中，我们经常会使用数组来存放数据，因此需要申请足够大的空间来保证数组访问不会越界。但是即便这样，依然不能保证空间足够分配，此时可以考虑使用动态数组来解决这个问题。动态数组是指在编译时不能确定数组的长度，在程序运行时根据具

体情况或条件动态分配内存空间的数组。

**1. 动态一维数组**

动态一维数组是指在程序运行时才分配内存空间的一维数组,在 C++中可以利用指针或关键字 new 创建动态一维数组。创建动态一维数组的语法格式如下:

```
type *name ;
name = new type[row];
```

对上述语法的具体说明如下:

◇  type:表示指针的数据类型,例如 int、float 等。

◇  name:指针的名字。

◇  row:表示数组的大小,这是一个大小可变的值。

例如下面的演示代码:

```
int *p1 ;
p1 = new int [row];
```

> 首先创建了整型指针 p1,然后为指针 p1 赋值为一个整型数组,这个数组就是一个动态数组

**2. 动态二维数组**

在 C++程序中,动态二维数组是指在程序运行时才分配内存空间的二维数组。创建动态二维数组的方法跟本节前面创建动态一维数组的方法相同。例如在项目6-3中,演示了创建动态二维数组的方法。

---

📖 练一练

6-5: 创建并释放二维数组( 📂 **源码路径**: daima/6/er.cpp)

6-6: 动态分配一维数组( 📂 **源码路径**: daima/6/shi.cpp)

---

## 6.3.4  字符数组

在 C++程序中,将用来存放字符型内容的数组称为字符数组。在定义一个字符数组后,这个字符数组会返回一个头指针,可以根据这个头指针来访问数组中的每一个字符。C++语言规定:字符数组的类型必须是 char,维数要至少有一个。定义字符数组的格式如下:

**char** 数组名[维数表达式1] [维数表达式2]…[维数表达式n];

在 C++程序中,字符数组和字符串指针变量都能够实现字符串的存储和运算工作。字符串指针变量本身是一个变量,用于存放字符串的首地址。字符串本身被存放在以该首地址为首的一块连续的内存空间中,并以"0"作为串的结束。

## 6.3.5  指针和数组

在 C++程序中，指针表示一个保存地址的变量，数组表示的是一个首地址，所以数组名就是指向该数组第一个元素的指针。

### 1. 通过指针访问数组

除了通过数组名访问数组外，也可以定义一个指向数组的指针，通过指针来访问数组。例如在下面的实例中，演示了通过指针访问数组的流程。

**实例 6-1** 获取网络小说中第一个逗号的位置(源码路径：daima/6/dou.cpp)

本实例的实现文件为 dou.cpp，具体代码如下所示。

```cpp
#include <iostream>
using namespace std;
int main(){
    char buf[] = { "月黑风高,小鸟出门了, 去干什么呢？" };    // 初始化字符数组的内容
    char *p = buf;                    //定义指针
    int index = 0;                    //初始化索引值为0
    while (*p) {
        if (*(p + index) == ',') {    // 开始检索字符数组的内容，如果找到逗号则停止循环
            break;
        }
        else {                        // 如果没有找到逗号则继续检索字符数
            index++;
        }
    }
    cout << "第一个逗号的位置是:" << index << endl;    // 输出显示第一个逗号的位置
    return 0;
}
```

执行结果如下：

第一个逗号的位置是:8

### 2. 指针数组

在 C++程序中，如果一个数组中的元素均为指针类型数据，则被称为指针数组。也就是说，在指针数组中的每一个元素都相当于一个指针变量。定义一维指针数组的语法格式如下：

类型名 *数组名[数组长度]

例如下面的演示代码:

```
int *p[4]
```

定义多维数组的语法格式如下:

类型名 *数组名[维数表达式1]...[维数表达式n]

由于"[]"比"*"的优先级更高,所以 p 先与[4]结合,形成 p[4]的形式,这显然是数组形式。然后再与 p 前面的*结合,*表示此数组是指针类型的,每个数组元素都指向一个整型变量。

数组指针是指向数组的一个指针,例如下面的代码表示一个指向 4 个元素数组的一个指针。

```
int (*p)[4]
```

## 6.4　枚举:解决三色球问题

扫码看视频

### 6.4.1　背景介绍

三色球问题:口袋中有红、黄、蓝、白、黑五种颜色的球若干个,每次从口袋中取三个不同颜色的球,编写 C++程序,统计并输出所有的取法。

## 6.4.2　具体实现

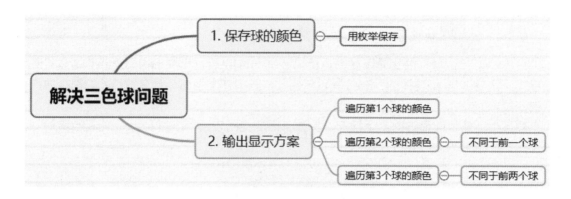

项目 6-4　解决三色球问题(　源码路径：daima/6/san.cpp)

本项目的实现文件为 san.cpp，具体代码如下所示。

```cpp
#include<iostream>
#include<iomanip>
using namespace std;
int main(){
    enum color_set {red,yellow,blue,white,black};
    color_set color;
    int i,j,k,counter=0,loop;  //counter 是累计不同颜色的组合数
    for(i=red;i<=black;i++) {
        for(j=red;j<=black;j++) {
            if(i!=j){      //前两个球颜色不同
                for(k=red;k<=black;k++)
                    if(k!=i&&k!=j){ //第三个球不同于前两个,满足要求
                        counter++;
                        if((counter)%22==0){ //每屏显示 22 行
                            cout<<"请按 Enter 键继续";
                            cin.get();
                        }
                        cout<<setw(15)<<counter;
                        for(loop=1;loop<=3;loop++){
```

声明枚举类型 color，在里面保存 5 种颜色

遍历第一个球的颜色

遍历第 2 个球的颜色

遍历第 3 个球的颜色

```
switch(loop){
    //第一个是i
    case 1: color=(color_set) i; break;
    //第二个是j
    case 2: color=(color_set) j; break;
    //第三个是k
    case 3: color=(color_set) k; break;
}
```

输出每种取法，一行为一种取法的三个颜色

```
switch(color){
    case red:    cout<<setw(15)<<"red";    break;
    case yellow: cout<<setw(15)<<"yellow"; break;
    case blue:   cout<<setw(15)<<"blue";   break;
    case white:  cout<<setw(15)<<"white";  break;
    case black:  cout<<setw(15)<<"black";  break;
}
```

根据第一个球的五种颜色进行操作

```
            }
            cout<<endl;            //输出一种取法后换行
        }
    }
}
cout<<"共有: "<<counter<<"种取法"<<endl;
return 0;
}
```

执行结果如下：

| 1 | red | yellow | blue |
|---|---|---|---|
| 2 | red | yellow | white |
| 3 | red | yellow | black |
| 4 | red | blue | yellow |
| 5 | red | blue | white |
| 6 | red | blue | black |
| 7 | red | white | yellow |
| 8 | red | white | blue |
| 9 | red | white | black |
| 10 | red | black | yellow |
| 11 | red | black | blue |
| 12 | red | black | white |
| 13 | yellow | red | blue |
| 14 | yellow | red | white |

| | | | |
|---|---|---|---|
| 15 | yellow | red | black |
| 16 | yellow | blue | red |
| 17 | yellow | blue | white |
| 18 | yellow | blue | black |
| 19 | yellow | white | red |
| 20 | yellow | white | blue |
| 21 | yellow | white | black |

**▪ 注意 ▪**

(1) 枚举变量可以直接输出，但不能直接输入。如 cout >> color3; //非法

(2) 不能直接将常量赋给枚举变量。如 color1=1; //非法

(3) 不同类型的枚举变量之间不能相互赋值。如 color1=color3; //非法

(4) 枚举变量的输入输出一般都采用 switch 语句将其转换为字符或字符串；枚举类型数据的其他处理也往往应用 switch 语句，以保证程序的合法性和可读性。

## 6.4.3  声明枚举类型

在 C++程序中，声明枚举类型的语法格式如下：

```
enum<枚举类型名>{
    <枚举元素 1>[=<整型常量 1>],
    <枚举元素 2>[=<整型常量 2>],
        ...
        <枚举元素 n>[=<整型常量 n>],
}
```

其中参数说明如下。

&#10087;  enum：定义枚举类型的关键字，不能省略。

&#10087;  <枚举类型名>：用户定义的枚举类型的名字。

&#10087;  <枚举元素>：也称枚举常量，是用户定义的标识符。

&#10087;  <整型常量>：为枚举元素指定一个整数值。如果省略<整型常量>，默认<枚举元素 1>的值为 0，<枚举元素 2>的值为 1，…，依此类推，<枚举元素 n>的值为 n-1。

例如下面的代码定义了一个枚举类型 season，在里面有 4 个枚举元素：spring、summer、autumn 和 winter。spring 的值被指定为 1，因此剩余各元素的值分别为：summer=2，autumn=3，winter=4。

```
enum season {spring=1,summer,autumn,winter};//定义了枚举类型 season
```

在处理一年四季方面，枚举确实很有用。假设用枚举表示一周的 7 天，以及常用的颜色等，可以用下面的代码实现。

```
//定义了枚举类型 color，枚举常用的颜色
enum color{Red,Yellow,Green,Blue,Black};
//定义了枚举类型 weekday，每周的 7 天
enum weekday {Mon=1,Tues,Wed,Thurs,Friday,Sat,Sun=0};
```

> 📖🔍 练一练
>
> 6-7：调用枚举中的值(📗源码路径：daima/6/main.cpp)
>
> 6-8：输出显示当前的月份(📗源码路径：daima/6/enum.cpp)

## 6.5 结构体：图书展示系统

扫码看视频

### 6.5.1 背景介绍

寒假期间，身为勤奋好学的优秀大学生，我想通过读书学习来提高自己的专业水平和思想水平。虽然今天的天气很冷，有微雪飘落，但是已经不能阻止我对学习和上进的渴望，一大早我去新华书店精心挑选了两本书，一本是《图解 Java》，一本是《平凡的世界》。

## 6.5.2 具体实现

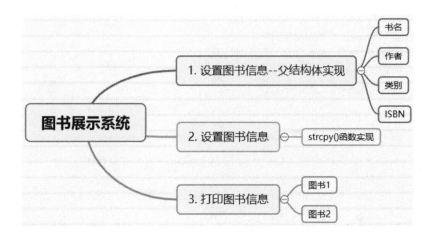

项目 6-5 图书展示系统( 源码路径: daima/6/book.cpp)

本项目的实现文件为 book.cpp，具体代码如下所示。

```cpp
#include<iostream>
#include<cstring>
using namespace std;
void printBook(struct Books book);
struct Books{
    char  title[50];
    char  author[50];
    char  subject[100];
    int   book_id;
};
int main( ){
    Books Book1;        //定义结构体类型 Books 的变量 Book1
    Books Book2;        //定义结构体类型 Books 的变量 Book2
    //Book1 详述
    strcpy(Book1.title, "图解 Java");
    strcpy(Book1.author, "www");
    strcpy(Book1.subject, "编程语言");
    Book1.book_id = 12345;
    //Book2 详述
```

声明一个结构体类型 Books，用于保存图书信息

设置第 1 本书的信息

```
strcpy(Book2.title, "平凡的世界");
strcpy(Book2.author, "www");
strcpy(Book2.subject, "现实文学");
Book2.book_id = 12346;
```
→ 设置第 2 本书的信息

```
//输出 Book1 信息
printBook(Book1);
//输出 Book2 信息
printBook(Book2);
```
→ 调用函数 printBook()打印输出两本书的信息

```
    return 0;
}
void printBook(struct Books book){
```
→ 创建函数 printBook()，打印输出结构体中保存的图书信息

```
    cout << "书名 : " << book.title <<endl;
    cout << "作者 : " << book.author <<endl;
    cout << "类别 : " << book.subject <<endl;
    cout << "ISDN : " << book.book_id <<endl;
}
```

执行结果如下：

```
书名 : 图解 Java
作者 : www
类别 : 编程语言
ISDN : 12345
书名 : 平凡的世界
作者 : www
类别 : 现实文学
ISDN : 12346
```

## 6.5.3　结构体基础

在使用结构体之前需要先定义结构体，然后创建结构体变量。

### 1. 定义结构体

在 C++程序中，定义一个结构的基本语法格式如下：

```
struct type_name {
    member_type1 member_name1;
    member_type2 member_name2;
    member_type3 member_name3;
    ...
} object_names;
```

其中参数说明如下。

- ✧  type_name：是结构体类型的名称。
- ✧  member_type1、member_name2、member_name3：是标准的 C++数据类型，比如 int、float 等。
- ✧  member_name1、member_name2、member_name3：结构体成员变量的名字，可以是普通变量、指针变量、数组变量等。
- ✧  member_name：在结构定义的末尾，最后一个分号之前，可以指定一个或多个结构变量，这是可选的。

当需要处理一些具有多种属性的数据时，结构往往是很好的选择。比如，你正在编写一个员工档案管理程序。每位员工有好几种特征，例如姓名、胸牌号、工资，等等。可以把这些特征定义为如下的结构体：

```
struct employee {
    unsigned short id;
    std::string name;
    float wage;
};
```

---

┨ 注意 ┣

C++对一个结构所能包含的变量的个数没有限制，那些变量通常称为该结构的成员变量，它们可以是任何一种合法的数据类型。

---

2. 创建结构体类型变量

在定义了一个结构体之后，可以使用如下语法创建该结构体类型的变量：

```
structureName myVar;
```

其中参数说明如下。

- ✧  structureName：表示结构体的名字。
- ✧  myVar：表示结构体变量的名称。

例如下面的代码，创建了 employee 类型的结构体变量 myVar。

```
employee e1;
```

## 6.5.4  引用结构体变量

创建一个结构类型的变量之后，在程序中可以引用这些结构体变量。在 C++程序中，可以使用成员运算符引用枚举变量。语法格式如下：

```
myVar.membername
```

◆ myVar：结构体的名字。
◆ membername：结构体变量的名字。

也可以通过如下格式对引用的结构体变量进行赋值：

```
myVar.membername=value;
```

假设已经创建了一个 employee 类型的变量 e1，那么就可以通过如下代码对结构中的变量进行赋值：

```
e1.id = 40;
e1.name = "Charles";
e1.wage = 12.34;
```

如果在创建一个结构类型的新变量时就已经知道它各有关成员的值，还可以在声明新变量的同时把那些值赋给它的各有关成员，例如：

```
employee e1 = {40, "Charles", 12.34};
```

▌ 注意 ▌

在 C++程序中，在何处定义一个结构将影响到可以在何处使用它。如果某个结构是在任何一个函数之外和之前定义的，那么就可以在任何一个函数里使用这种结构类型的变量。如果某个结构是在某个函数之内定义的，则只能在这个函数里使用这种类型的变量。

▤ 练一练

6-9：打印输出指定员工的信息(■源码路径：daima/6/yuan.cpp)

6-10：将结构体作为参数并返回(■源码路径：daima/6/paramter.cpp)

## 6.5.5 指向结构的指针

在 C++程序中可以定义指向结构的指针，定义方式与定义指向其他类型变量的指针相似。格式如下：

**struct** 结构体名 *结构体指针名;

为了使用指向该结构的指针访问结构的成员，必须使用 -> 运算符，格式如下：

结构体指针名->结构体成员名;

例如项目 6-4 演示了使用指向结构的指针的过程。

# 6.6 联合：××大学师生管理系统

扫码看视频

## 6.6.1 背景介绍

设有若干个人员的数据，其中有学生和老师。学生的数据包括姓名、编号、性别、职业、年级。老师的数据包括姓名、编号、性别、职业、职务。可以看出，学生和老师所包含的数据是不同的，如表 6-1 所示。

表 6-1 老师和学生信息

| name | num | sex | job | class 或 position |
|------|-----|-----|-----|-------------------|
| aa | 101 | f | s | 501 |
| bb | 88 | m | t | 588 |

请编写一个 C++程序，要求在程序中输入表 6-1 中的信息，然后打印输出表 6-1 中的信息。

## 6.6.2 具体实现

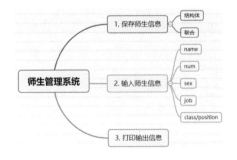

**项目 6-6** ××大学师生管理系统(📝源码路径：daima/6/stu.cpp)

如果把每个人都看作一个结构体变量，可以看出老师和学生的前 4 个成员变量是一样的，并且第五个成员变量可能是 class 或者 position，当第四个成员变量是 s 时，第五个成员变量就是 class；当第四个成员变量是 t 时，第五个成员变量就是 position。根据上述思路编写实例文件 stu.cpp，具体代码如下所示。

```cpp
#include<iostream>
#include<cstring>
using namespace std;
int main() {
    struct {                    创建结构体保存 name、num、sex、job
        string name;
        string num;
        char   sex;
        char   job;
        union {                 创建联合体保存 grade、position
            char grade[5];
            char position[5];
        }p;        //定义了一个共同体变量
    }person[2]; //定义了一个结构体数组变量
    int i = 0;
    cout << "name\tnum\tsex\tjob\tclass/position" << endl;
    for (; i<2; i++) {
        cin >> person[i].name >> person[i].num >> person[i].sex >> person[i].job;
        if (person[i].job == 's')cin >> person[i].p.grade;
        else cin >> person[i].p.position;
    }
    i = 0;                      依次输入师生信息
    cout << "===========show data===========" << endl;
    for (; i<2; i++) {
        cout << person[i].name << "\t";
        cout << person[i].num << "\t";
        cout << person[i].sex << "\t";
        cout << person[i].job << "\t";
        if (person[i].job == 's')cout << person[i].p.grade << endl;
        else cout << person[i].p.position << endl;
    }
    cout << endl;               遍历输出输入的师生信息
    return 0;
}
```

执行结果如下：

```
name    num    sex    job    class/position
aa      101    f      s          501
bb      88     m      t          588
===========show data===========
aa      101    f      s       501
bb      88     m      t       588
```

## 6.6.3  定义并使用联合

联合(union)又称共用体，与结构体有很多相似之处。联合也可以容纳多种不同类型的成员，但它每次只能存储这些值中的某一个。在 C++程序中，定义联合的具体语法格式如下：

```
union id {
        std::string maidenName;
        unsigned short ssn;
        std::string pet;
};
```

在定义了这个联合之后，接下来就可以通过如下代码创建一个该类型的变量。

```
id michael;
```

接下来，可以像对结构成员进行赋值那样对联合里的成员进行赋值，使用同样的语法：

```
michael.maidenName = "Colbert";
```

上述代码会把值 Colbert 保存到联合 michael 中的成员 maidenName，如果再执行下面的代码，这个联合将把新值 Trixie 存入 michael 联合的 pet 成员，并丢弃 maidenName 成员里的值，不再保存刚才的 Colbert。

```
michael.pet = "Trixie";
```

📝 练一练

6-11: 使用联合中的成员(📂源码路径：daima/6/variableinit.cpp)

6-12: 计算联合成员占用的内存大小和地址(📂源码路径：daima/6/size.cpp)

# 第 7 章

## 面 向 对 象

C++是一门面向对象的语言，提供了定义类、定义属性、定义方法、创建对象等基本功能。可以将类看作是一种自定义的数据类型，可以使用类来定义变量，所有使用类定义的变量都是引用变量，它们会引用到类的对象。本章将详细介绍 C++面向对象的知识。

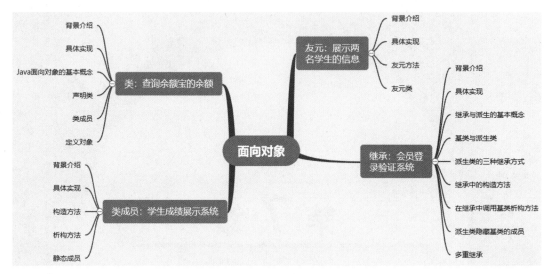

## 7.1 类：查询余额宝的余额

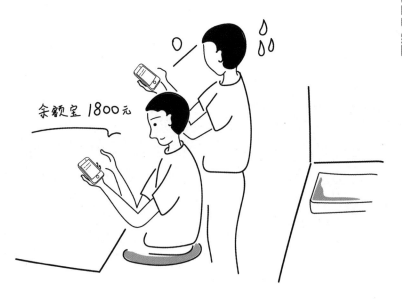

扫码看视频

## 7.1.1　背景介绍

寒假即将来临，同学们的资产即将变成负数，一日三餐都靠方便面度过。在大家勒紧腰带过日子的时候，突然传来令大家十分兴奋的消息，舍友 A 的余额宝余额竟然高达 1800 元。请编写一个 C++程序，利用面向对象技术打印输出舍友 A 的余额宝余额。

## 7.1.2　具体实现

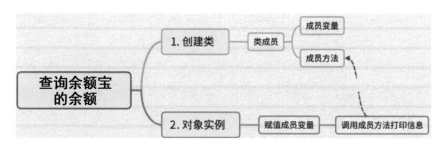

**项目 7-1**　查询余额宝的余额( 源码路径：daima/7/yu.cpp)

本项目的实现文件为 yu.cpp，具体代码如下所示。

```cpp
#include<iostream>
using namespace std;
class Printer {            ← 定义类 Printer
public:
    int a;
    void print() {
        cout << "当前余额宝的余额是" << a<<"元"<<endl;
    }
};
    // 定义类 Printer 中的成员：int 类型的属性 a 和成员方法 print()

int main()    // 创建类 Printer 的实例对象 myPrinter
{
    Printer myPrinter;
    myPrinter.a=1800;      // 给对象 myPrinter 的属性 a 赋值为 1800
    myPrinter.print();     // 调用类 myPrinter 中的成员方法 print()
}
```

执行结果如下：

当前余额宝的余额是 1800 元

## 7.1.3　C++面向对象的基本概念

### 1．类

只要是一门面向对象的编程语言(例如 C++、Java、C#等)，就一定会有"类"这个概念。类是指将相同属性的东西放在一起，类是一个模板，能够描述一类对象的行为和状态。例如在现实生活中，可以将人看成一个类，这个类称为人类。

### 2．对象

对象是某个类中实际存在的每一个个体，对象的抽象是类，类的具体化就是对象，也可以说类的实例是对象。类用来描述一系列对象，类会概述每个对象包括的数据和行为特征。因此，我们可以把类理解成某种概念、定义，它规定了某类对象所共同具有的数据和行为特征。接着前面的例子进行说明：人这个"类"的范围实在是太笼统了，人类里面的秦始皇是一个具体的人，是一个客观存在的人，我们就将秦始皇称为一个对象。

## 7.1.4　声明类

在 C++程序中，使用关键字 class 声明一个类，具体语法如下：

```
class 类名{
    访问修饰符：
        成员变量
        成员方法
};
```

其中参数说明如下。

◇　class：声明类的关键字，这是固定用法，后面大括号中的内容是类体。

◇　访问修饰符：可以是 public、private、protected，各个修饰符的含义如表 7-1 所示。

表 7-1　访问修饰符的说明

| 修饰符 | 说　　明 |
|---|---|
| public | 将一个类声明为公共类，它可以被任何对象访问 |
| private | 指定该变量只允许该类的方法访问，其他任何类(包括子类)中的方法都不能访问 |
| protected | 指定该变量可以被该类及其子类或同一包中的其他类访问，在子类中可以重写此变量 |

❖　类名：类的名字，只要是一个合法的标识符即可。

请看下面的代码，使用关键字 class 声明了类 Box，用于表示盒子。

```
class Box{                大括号中的内容都是类 Box 的类体，length、breadth
    public:               和 height 是类中的成员
        double length;    //表示盒子的长度
        double breadth;   //表示盒子的宽度
        double height;    //表示盒子的高度
};
```

## 7.1.5　类成员

在前面的内容中，我们声明了一个表示盒子的类 Box，并在类体中声明了 3 个类成员。接下来，我们将进一步讲解 C++类成员的知识。

### 1．成员属性

在类体中创建的变量是成员变量，通常将类的属性表示为成员变量，成员变量和对象的属性是一一对应的。有关属性和成员变量的关系，我们举一个例子：假设创建了一个图书类 book，然后在类中创建了两个变量 id 和 name，分别用于表示图书的编号和书名。那么 id 和 name 就是成员变量，而将编号和书名称为类 book 的两个属性。

在 C++程序中，声明 C++属性的方式和声明变量的方式基本相同，具体语法格式如下：

访问修饰符：
　　　　&lt;数据类型&gt;&lt;属性&gt;；

访问修饰符可以是 public、private、protected，各个修饰符的含义如表 7-2 所示。

表 7-2　成员变量修饰符的说明

| 修饰符 | 说　　明 |
|---|---|
| public | 将一个类声明为公共类，它可以被任何对象访问 |
| private | 指定该成员只允许该类的方法访问，其他任何类(包括子类)中的方法都不能访问 |
| protected | 指定该变量可以被该类及其子类或同一包中的其他类访问，在子类中可以重写此变量 |

看下面的演示代码。

```
class person {
```

```
int id;              //编号
int age;             //年龄
char * name;         //姓名
}
```

> 在类 person 中声明了三个属性，没有被限定符说明，但默认为私有的，可以直接从类的外部访问

### 2. 成员方法

在类体中创建的方法就是成员方法，用于表示类的操作，实现类与外部的交互。定义成员方法的语法格式如下：

```
访问修饰符:
    <方法返回类型><成员方法的名称>([<参数列表>]){
    <方法体>
};
```

在上述格式中，在成员方法的参数列表中既可以定义默认参数，也可以省略。成员方法的方法体可以在类体内被定义，也可以在类体外被定义。在一般情况下，为了保持类体结构的清晰明了，只有简短的方法在类体内定义，这些方法称为内联(inline)方法。

在 C++程序中，要想在类体外定义成员方法，必须用域运算符"::"指出该方法所属的类，其语法格式如下：

```
方法返回类型><类名>::<成员方法的名称>([<参数列表>]){
    <方法体>
}
```

在 C++程序中，在方法体内可以直接引用类定义的属性，无论该属性是公有成员还是私有成员。例如下面的代码，在类 person 的类体外定义了成员方法 hi()。

```
class person {
    int id;              //编号
    int age;             //年龄
    char * name;         //姓名
    void hi();           //在类体内声明
};
void person::hi(){       //类体外定义
    cout<<"hi,it it a example."<<endl;
}
```

> 成员方法 hi()在类体内声明，但却在类体外定义。因此在定义具体的代码时，必须用 person::hi()的形式

## 7.1.6　定义对象

在 C++程序中，对象是类的实例，用于表示类中的某个具体实例。在定义对象之前，一定要先定义类。定义对象的语法格式如下：

<类名><对象名列表>

其中参数说明如下。

◇　<类名>：是待定的对象所属的类的名字，即所定义的对象是该类类型的对象。

◇　<对象名列表>：可以有一个或多个对象名，当有多个对象名时用逗号分隔。在<对象名列表>中可以是一般的对象名，也可以是指向对象的指针名或引用名，还可以是对象数组名。

在 C++程序中创建对象实例后，就可以访问对象的成员变量和成员方法，其语法格式如下：

<对象名>.<成员名>
<对象名>-><成员名>

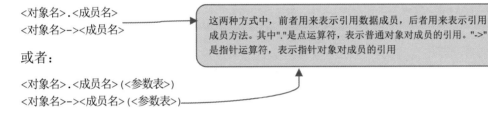

这两种方式中，前者用来表示引用数据成员，后者用来表示引用成员方法。其中"."是点运算符，表示普通对象对成员的引用。"->"是指针运算符，表示指针对象对成员的引用

或者：

<对象名>.<成员名>(<参数表>)
<对象名>-><成员名>(<参数表>)

例如下面的代码，演示了 3 种定义对象的方式：

```
student s1,s3;          //普通对象
student *ps2;           //对象指针
student student_array[10]; //对象数组
s1.math=100;            //对象属性
s1.setmath(100);        //成员方法
ps2->math=90;           //直接用指针访问成员
ps2->setmath(90);
(*ps2).math=90;         //间接访问成员
(*ps2).setmath(90);
student_array[0].math=100;
student_array[0].setmath(100);
```

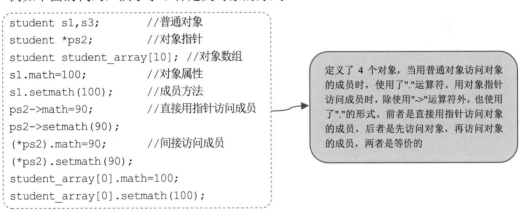

定义了 4 个对象，当用普通对象访问对象的成员时，使用了"."运算符。用对象指针访问成员时，除使用"->"运算符外，也使用了"."的形式。前者是直接用指针访问对象的成员，后者是先访问对象，再访问对象的成员，两者是等价的

📖 练一练

7-1：计算长方体盒子的体积(📂源码路径：daima/7/ti.cpp)

7-2：输出显示某本图书的信息(📂源码路径：daima/7/Book.cpp)

## 7.2 类成员：学生成绩展示系统

扫码看视频

### 7.2.1 背景介绍

期末考试即将来临，学生们出奇地爱学习，即使平时最爱玩的同学也都在临阵磨枪。请编写一个 C++程序，用构造方法打印输出某学生的考试成绩，包括语文、英语、数学三门课程成绩。

### 7.2.2 具体实现

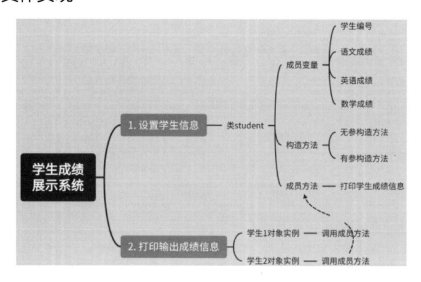

**项目 7-2** 学生成绩展示系统( 源码路径: daima/7/gou.cpp)

本项目的实现文件为 gou.cpp，具体代码如下所示。

```cpp
#include<iostream>
using namespace std;
class student{
private:
        int id;           //学号
        float chinese,english,math; //语文、英语、数学三门课程成绩
public:
        student();     //定义构造方法1
        //构造方法2，设置学号，三门课程成绩
        student(int m_id,float m_chinese,float m_english,float m_math);
        void show();
};
student::student(){
    id=0;                      //变量id赋值
    chinese=english=math=0;    //同时赋值3个变量
}

student::student(int m_id,float m_chinese,float m_english,float m_math){
    id=m_id;                   //变量id赋值
    chinese=m_chinese;         //变量chinese赋值
    english=m_english;         //变量english赋值
    math=m_math;               //变量math赋值
}
void student::show(){
    cout<<id<<endl;            //输出id的值
    cout<<chinese<<endl;       //输出chinese的值
    cout<<english<<endl;       //输出english的值
    cout<<math<<endl;          //输出math的值
}
int main(){
    cout << "同学A的期末考试成绩信息: " << endl;
    student s1(100,80,90,85);
    s1.show();
    cout << "同学B的期末考试成绩信息: " << endl;
    student s2(99,88,100,98);
    s2.show();
```

声明私有成员方法

声明两个构造方法

定义无参数构造方法，功能是初始化各个属性

定义有参数构造方法，功能是初始化各个属性

定义方法 show()，功能是打印输出学生成绩信息

设置学生 A 的成绩，然后打印输出此学生的成绩信息

设置学生 B 的成绩，然后打印输出此学生的成绩信息

```
    return 0;
}
```

执行结果如下：

```
同学 A 的期末考试成绩信息：
100
80
90
85
同学 B 的期末考试成绩信息：
99
88
100
98
```

## 7.2.3 构造方法

在项目 7-2 中用到了构造方法，C++程序构造方法的特点是方法名和类名相同。构造方法不会返回任何类型，也不会返回 void。在每次创建类的新对象时，程序会自动执行构造方法。声明构造方法的语法格式如下：

<方法名>(<参数列表>);

默认的构造方法没有任何参数，但如果有需要，也可以为构造方法设置参数。

在定义和使用构造方法时要注意以下 4 个问题：

◇ 构造方法的名字必须与类名相同，否则编译程序时将把它作为一般的成员方法来处理。

◇ 构造方法没有返回值类型。

◇ 构造方法的功能是对对象进行初始化，因此在构造方法中只能对属性做初始化，这些属性一般为私有成员。

◇ 构造方法不能像其他方法一样被显式地调用。

## 7.2.4 析构方法

在 C++程序中，每次删除所创建的对象都会自动执行析构方法。声明析构方法的语法格式如下：

~<方法名>();

和构造方法相同的是，析构方法的名字也和类名相同。析构方法和构造方法的区别是，在析构方法的前面有一个"~"符号。借助析构方法，有助于在跳出程序(比如关闭文件、释放内存等)前释放资源。另外，析构方法没有任何参数，不返回任何值。

📠 练一练

7-3：模拟会员用户的登录过程(📂源码路径：daima/7/hui.cpp)

7-4：统计商品销售数量(📂源码路径：daima/7/SumBook.cpp)

## 7.2.5　静态成员

除了前面介绍的属性和方法外，在类中还可以包含静态成员。静态成员使用关键字 static 修饰，属性和构造方法都可以被修饰成是静态的。被定义为静态的属性或构造方法，在类的各个实例间是共享的，不会为每个类的对象实例都复制一个静态成员。

在 C++程序中，使用关键字 static 定义静态成员，例如静态变量和静态方法。其中在静态构造方法中访问的是静态数据成员或全局变量，定义静态成员方法的语法格式如下：

**static** <返回类型> <成员方法名称>(<参数列表>);

在 C++程序中使用关键字 static 修饰静态成员变量，具体语法格式如下：

**static** <数据类型> <变量名>;

实例 **7-1** 分配教职工编号(📂源码路径：daima/7/id.cpp)

本实例的实现文件为 id.cpp，具体代码如下所示。

```
#include<iostream>
using namespace std;
class teach{              //定义类 teach
private:                  //私有成员
        static int counter;        声明静态数据成员，用于记录教师人数
        int id;          //变量 id 表示学号
public:                   //公有成员
        teach();         //声明构造方法 teach
        void show();     //声明输出信息构造方法 show
static void setcounter(int);        声明静态成员方法，用于设置静态属性 counter
};
int teach::counter=1;    //静态数据成员初始化
teach::teach(){
        id=counter++;        编写构造方法 teach()，根据 counter 自动分配编号 id
}
```

```
void teach::show(){
    cout<<id<<endl;
}
void teach::setcounter(int new_counter){
    counter=new_counter;
}
int main(){
    cout << "下面是生成的编号: " << endl;
    teach s1;
    s1.show();
    teach s2;
    s2.show();
    teach s3;
    s3.show();
    s1.setcounter(10);
    teach s4;
    s4.show();
    teach s5;
    s5.show();

}
```

编写方法 show()打印输出编号

编写构造方法 setcounter()，给 counter 赋值

分别创建教师类对象实例 s1、s2、s3，然后分别调用方法 show()打印输出编号信息

重新设置计数器

分别创建教师类对象实例 s4、s5，然后分别调用方法 show()打印输出编号信息

在上述代码中定义了一个静态属性counter和一个静态构造方法setcounter()。counter是一个计数器，它在类的所有对象间共享。当创建对象s1时，counter被初始化为1，对象s2和s3中counter都是自动增加counter的值。构造方法setcounter()用来修改counter，counter也只能被静态成员方法setcounter()修改。修改counter值后，对象s4和s5就从10开始计数。执行结果如下：

```
下面是生成的编号:
1
2
3
10
11
```

## 7.3 友元：展示两名学生的信息

扫码看视频

### 7.3.1 背景介绍

现在有两名学生，具体资料如下：

✧ 小明的年龄是 15，语文成绩是 90.6

✧ 李磊的年龄是 16，语文成绩是 80.5

请编写一个 C++程序，能够打印输出上述信息，要求用友元方法实现。

### 7.3.2 具体实现

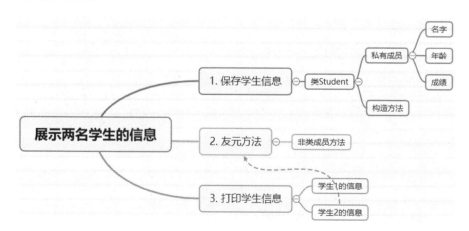

**项目 7-3** 展示两名学生的信息( 源码路径: daima/7/you.cpp)

本项目的实现文件为 you.cpp,具体代码如下所示。

```cpp
#include<iostream>
using namespace std;
class Student{
    public:
        Student(char *name, int age, float score);
    public:
        friend void show(Student *pstu);
    private:
        char *m_name;
        int m_age;
        float m_score;
};
    Student::Student(char *name, int age, float score): m_name(name), m_age(age),
        m_score(score){}
    //非成员函数
    void show(Student *pstu){
        cout<<pstu->m_name<<"的年龄是 "<<pstu->m_age<<",语文成绩是
<<pstu->m_score<<endl;
}
int main(){
    Student stu("小明", 15, 90.6);
    show(&stu);                              //调用友元函数
    Student *pstu = new Student("李磊", 16, 80.5);
    show(pstu);                              //调用友元函数
    return 0;
}
```

构造方法

友元方法

私有成员

创建友元方法,功能是打印
输出学生的信息

在本项目中,show()是一个全局范围内的非成员方法,不属于任何类,作用是打印输出学生的信息。m_name、m_age、m_score 是类 Student 的 private 成员,原则上不能通过对象访问,但在 show()方法中又必须使用这些 private 成员,所以将 show()声明为类 Student 的友元方法。执行结果如下:

```
小明的年龄是 15,语文成绩是 90.6
李磊的年龄是 16,语文成绩是 80.5
```

## 7.3.3　友元方法

我们可以用 public、protected、private 三种修饰符修饰类成员，通过对象可以访问 public 成员，只有本类中的方法可以访问本类的 private 成员。现在我们介绍一种例外情况——友元(friend)。借助友元(friend)可以使得其他类中的成员方法以及全局范围内的方法访问当前类中的 private 成员。

---

**注意**

　　英文 friend 的中文含义是朋友，或者说是好友，与好友的关系显然要比一般人亲密一些。我们会对好朋友敞开心扉，倾诉自己的秘密，而对一般人会谨言慎行，潜意识里就自我保护。在 C++ 中，这种友好关系可以用 friend 关键字指明，中文多译为"友元"，借助友元可以访问与其有好友关系的类中的私有成员。如果对"友元"这个名词不习惯，可以按原文 friend 理解为朋友。

---

在 C++程序中，在当前类以外定义的、不属于当前类的方法也可以在类中声明，但是要在前面加关键字 friend，这样就构成了友元方法，项目 7-3 演示了友元方法的用法。友元方法可以是不属于任何类的非成员方法，也可以是其他类的成员方法。定义友元方法的语法格式如下：

**friend** <返回类型> <构造方法名> (<参数列表>);

在 C++程序中，友元方法可以访问当前类中的所有成员，包括用 public、protected、private 修饰的属性。

## 7.3.4　友元类

在 C++程序中，不仅可以将一个方法声明为一个类的"朋友"，还可以将整个类声明为另一个类的"朋友"，这就是友元类。友元类中的所有成员方法都是另外一个类的友元方法。声明友元类的语法格式如下：

```
friend class <类名>;
```

例如将类 B 声明为类 A 的友元类，那么类 B 中的所有成员方法都是类 A 的友元方法，可以访问类 A 的所有成员，包括用修饰符 public、protected、private 修饰的属性。

**练一练**

7-5：使用友元类和私有成员(源码路径：daima/7/templ.cpp)

7-6：一道面试题(源码路径：daima/7/constFunction.cpp)

## 7.4 继承：会员登录验证系统

### 7.4.1 背景介绍

会员登录验证系统主要接收会员输入的用户名和密码，输入后验证输入的信息是否合法，如果合法则登录系统，否则不能登录。

### 7.4.2 具体实现

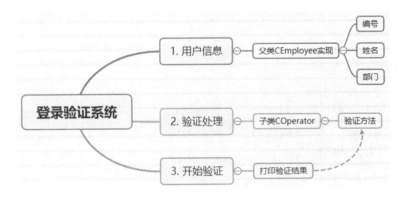

项目 7-4　会员登录验证系统(源码路径：daima/7/deng.cpp)

本项目的实现文件为 deng.cpp，具体代码如下所示。

```
#include<iostream>
#include<cstring>
```

```cpp
using namespace std;
class CEmployee{            定义父类 CEmployee，用于设置用户信息
public:
    int m_ID;
    char m_Name[128];       3 个类成员，分别表示用户
    char m_Depart[128];     编号、名字和部门
    CEmployee(){            //定义默认构造方法
        memset(m_Name, 0, 128);   //初始化 m_Name
        memset(m_Depart, 0, 128); //初始化 m_Depart
    }
    void OutputName(){      定义共有成员方法 OutputName()，功能是输出用户名
        cout << "用户名: " << m_Name << endl;
    }                    定义子类 COperator，从 CEmployee 类派生而来
};
class COperator :public CEmployee{
public:
    char m_Password[128];          //定义密码
    bool Login(){                                    //定义登录成员方法
        if (strcmp(m_Name, "老大") == 0 &&           //比较用户名
            strcmp(m_Password, "KJ") == 0) {         //比较密码
            cout << "登录成功!" << endl;             //输出信息
            return true;                             //设置返回值
        }                    如果登录信息合法则输出"登录成功!"
        else{
            cout << "登录失败!" << endl;             //输出信息
            return false;                            //设置返回值
        }
    }                        如果登录信息非法则输出"登录失败!"
};
int main(int argc, char* argv[]){
    cout << "会员登录验证系统" << endl;
    cout << "--------------------------------------------" << endl;
    COperator optr;                    //定义一个 COperator 类对象
    strcpy(optr.m_Name, "老大");       //访问基类的 m_Name 成员
    strcpy(optr.m_Password, "KJ");     //访问 m_Password 成员
    optr.Login();                      //调用 COperator 类的 Login 成员方法
    optr.OutputName();                 //调用基类 CEmployee 的 OutputName 成员方法
    return 0;
}
```

执行结果如下：

```
会员登录验证系统
------------------------------------------------
登录成功!
用户名: 老大
```

## 7.4.3　继承与派生的基本概念

### 1．继承

在 C++程序中，一个新类从已有的类那里获得其已有特性，这就是类的继承。我们可以将继承(Inheritance)理解为一个类从另一个类获取成员变量和成员方法的过程，例如类 B 继承于类 A，那么 B 就拥有 A 的成员变量和成员方法。

### 2．派生

派生(Derive)和继承其实是一个概念，只是站的角度不同。继承是儿子接收父亲的产业，派生是父亲把产业传承给儿子。被继承的类称为父类或基类，继承的类称为子类或派生类。"子类"和"父类"通常放在一起使用，"基类"和"派生类"通常放在一起使用。

我们可以将派生理解为从已有的类产生新类的过程，这个已有的类称之为基类或者父类，而新类则称之为派生类或者子类。和基类相比，派生类不但具有基类的数据成员和成员方法，而且有自己独有的成员。

### 3．单继承和多继承

从派生类的角度，根据其拥有的基类数目的不同，可以分为单继承和多继承。当一个类只有一个直接基类时被称为单继承，当一个类同时有多个直接继承类时被称为多继承。

## 7.4.4　基类与派生类

在 C++程序中，声明单继承的语法格式如下：

```
class <派生类名>:<继承方式><基类名>{
    <访问控制修饰符>:
        <派生类新定义成员>
};
```

其中参数说明如下。

◇　<派生类名>：派生类的名字，是新定义的一个类名，它是从<基类名>中派生的，并且按指定的<继承方式>派生。

♦ <继承方式>：使用如下三种关键字表示：
  ➤ public：表示公有基类。
  ➤ private：表示私有基类。
  ➤ protected：表示保护基类。
  如果不写任何继承方式关键字，则默认为 private。
♦ <基类名>：基类的名字。
♦ <访问控制修饰符>：可以是修饰符 public(公有的)、private(私有的)和 protected(受保护的)。
♦ <派生类新定义成员>：可以是变量、方法等合法的数据。

> 🔍 练一练
>
> 7-7：计算客厅的面积(📂 源码路径：daima/7/ke.cpp)
> 7-8：计算装修客厅瓷砖的花费(📂 源码路径：daima/7/zhuang.cpp)

## 7.4.5　派生类的三种继承方式

在 C++程序中，派生类有三种继承方式，具体介绍如下：

♦ 公有继承(public)：公有继承的特点是基类的公有成员和保护成员作为派生类的成员时，它们都保持原有的状态，而基类的私有成员仍然是私有的。
♦ 私有继承(private)：私有继承的特点是基类的公有成员和保护成员都作为派生类的私有成员，并且不能被这个派生类的子类所访问。
♦ 保护继承(protected)：保护继承的特点是基类的所有公有成员和保护成员都成为派生类的保护成员，并且只能被它的派生类成员方法或友元访问，基类的私有成员仍然是私有的。

如表 7-3 所示，列出了三种不同的继承方式的基类特性和派生类特性。

表 7-3　不同继承方式的基类特性和派生类特性

| 继承方式 | 基类特性 | 派生类特性 |
| --- | --- | --- |
| 公有继承 | public | public |
| | protected private | protected 不可访问 |
| 私有继承 | public | private |
| | protected private | private 不可访问 |
| 保护继承 | public | protected |
| | protected private | protected 不可访问 |

通过表 7-3 的内容可知，可以将派生类的继承特点进行如下总结：

◇ 无论哪种继承方式，基类中的 private 成员在派生类中都是不可见的。也就是说，基类中的 private 成员不允许外部成员或派生类中的任何成员访问。

◇ public 继承与 private 继承的不同点在于，基类中的 public 成员在派生类中的访问属性：

➤ public 继承时，基类中的 public 成员相当于派生类中的 public 成员。

➤ private 继承时，基类中的 public 成员相当于派生类中的 private 成员。

因此，private 继承能确保基类中的方法只能被派生类的方法间接使用，而不能被外部使用。public 继承使派生类对象与外部都可以直接使用基类中的方法，除非这些方法已经被重新定义。

> 练一练
>
> 7-9： 展示私有继承的访问规则( 源码路径： daima/7/pai.cpp)
>
> 7-10： 展示保护继承的访问规则( 源码路径： daima/7/pai2.cpp)

## 7.4.6 继承中的构造方法

构造方法不能被继承，所以派生类的构造方法必须通过调用基类的构造方法来初始化基类成员。在定义派生类的构造方法时除了对自己的数据成员进行初始化外，还必须负责调用基类的构造方法使基类的数据成员得以初始化。如果派生类中有其他类的对象成员时，还应包含对对象成员初始化的构造方法。

在 C++程序中，调用派生类构造方法的顺序为：基类的构造方法→成员对象的构造方法(若存在)→派生类的构造方法。也就是说，基类构造方法总是被优先调用，这说明在创建派生类对象时，会先调用基类构造方法，再调用派生类构造方法，如果继承关系有好几层，例如：

```
A --> B --> C
```

那么创建 C 类对象时构造方法的执行顺序为：

```
A 类构造方法 --> B 类构造方法 --> C 类构造方法
```

构造方法的调用顺序是按照继承的层次自顶向下、从基类再到派生类的。

**实例 7-2** 打印输出学生的年龄和成绩( 源码路径： daima/7/jigou.cpp)

本实例的实现文件为 jigou.cpp，具体代码如下所示。

```
#include<iostream>
```

```
#include<cstring>
using namespace std;

class People{                    创建基类 People
    public:
        People();                            基类的两个构造方法
        People(char *name, int age);
    protected:
        char *m_name;
        int m_age;
};
People::People(): m_name("xxx"), m_age(0){ }
People::People(char *name, int age): m_name(name), m_age(age){}
//派生类 Student
class Student: public People{         创建子类 Student
    public:
        Student();                           子类的两个构造方法
        Student(char*, int, float);
    public:
        void display();
    private:                               子类的两个成员方法
        float m_score;
};
Student::Student(): m_score(0.0){ }   //派生类默认构造方法
Student::Student(char *name, int age, float score): People(name, age),
m_score(score){ }
void Student::display(){
    cout<<m_name<<"的年龄是"<<m_age<<"，成绩是"<<m_score<<"。"<<endl;
}
int main(){
    Student stu1;
    stu1.display();
    Student stu2("小花", 16, 98.5);
    stu2.display();
    return 0;
}
```

执行结果如下：

```
×××的年龄是 0，成绩是 0。
小花的年龄是 16，成绩是 98.5。
```

对上述代码的具体说明如下：

- ❖ 在创建对象 stu1 时执行派生类的构造方法 Student::Student()，此时并没有指明要调用基类的哪一个构造方法，从运行结果可以很明显地看出来，系统默认调用了不带参数的构造方法，也就是 People::People()。
- ❖ 在创建对象 stu2 时，执行派生类的构造方法 Student::Student(char *name, int age, float score)，它指明了基类的构造方法。
- ❖ 如果将倒数第 13 行代码中的 People(name, age)删除，也会调用默认构造方法，此时 stu2.display()的输出结果将变为：×××的年龄是 0，成绩是 98.5。
- ❖ 如果删除基类 People 中不带参数的构造方法，那么会发生编译错误，因为在创建对象 stu1 时需要调用类 People 的默认构造方法，而在类 People 中已经显式定义了构造方法，编译器不会再生成默认的构造方法。

## 7.4.7　在继承中调用基类析构方法

在 C++程序中，和构造方法类似，析构方法也不能被继承。与构造方法不同的是，在派生类的析构方法中不用显式地调用基类的析构方法，因为每个类只有一个析构方法，编译器知道如何选择，无须程序员干涉。继承中析构方法的执行顺序如下：

- ❖ 在创建派生类对象时，析构方法的执行顺序和继承顺序相同，即先执行基类析构方法，再执行派生类析构方法。
- ❖ 在销毁派生类对象时，析构方法的执行顺序和继承顺序相反，即先执行派生类析构方法，再执行基类析构方法。

▎注意 ▎

若基类中有默认的构造方法或者根本没有定义构造方法时，则派生类构造方法的定义中可以省略对基类构造方法的调用。在某些情况下，派生类构造方法的方法体可能为空，仅起到参数传递作用。

## 7.4.8　派生类隐藏基类的成员

当在基类中定义多个同名方法时，只要在派生类中出现了一个或多个相应的同名方法，这时会隐藏基类中所有相应的同名方法。

### 1. 派生类隐藏基类的成员属性

在C++程序中，当在子类和父类中有相同名称的属性时，子类会覆盖父类中的属性，也就是派生类会隐藏基类的成员属性。要想调用父类中的属性，必须使用域限定符来显式指定属性的作用域。

### 2. 派生类隐藏基类的成员方法

在C++程序中，当子类和父类中有相同名称的函数(方法)时，如果父类中的方法是虚的，则在子类中可以重新定义它，也可以直接使用它。如果不是虚的，则子类方法将覆盖父类的同名方法。如果没有明确指明，则通过子类调用的是子类中的同名成员。如果想在子类中访问被覆盖的同名成员，则需要使用域限定符来指出。

---

📖 练一练

7-11：小朋友的"分享"教学场景(📂源码路径：daima/7/xiao.cpp)

7-12：兄弟三人的财产分配方案(📂源码路径：daima/7/fen.cpp)

---

## 7.4.9　多重继承

在本书前面的例子中，派生类只有一个基类，这被称为单继承(Single Inheritance)。除此之外，C++也支持多重继承(Multiple Inheritance)，即一个派生类可以有两个或多个基类。在C++程序中，定义多重继承的语法格式如下：

**class** <派生类名>:<继承方式1><基类名1>,<继承方式2><基类名2>,…{
　　<派生类新定义成员>
};

在上述定义格式中，<派生类名>有多个基类：<基类名1>、<基类名2>…。从中可以看出，多继承与单继承的主要区别是多继承的基类多于一个。例如下面的实例演示了使用类的继承的过程。

如果已声明了类A、类B和类C，那么可以用如下代码声明派生类D：

```
class D: public A, private B, protected C{
    //类D新增加的成员
};
```

在上述代码中，D是多继承形式的派生类，它以公有的方式继承类A，以私有的方式继承类B，以保护的方式继承类C。D根据不同的继承方式获取类A、B、C中的成员，确定它们在派生类中的访问权限。

在C++程序中，多重继承下的构造方法、析构方法与单重继承下的构造方法、析构方法基本类似，它必须同时负责该派生类所有基类构造方法的调用。同时派生类的参数个数必须包含完成所有基类初始化所需要的参数。对于所有需要给予参数进行初始化的基类，都要显式地给出基类名和参数表。对于使用默认构造方法的基类，可以不给出类名。同样对于对象成员，如果是使用的默认构造方法，也不要写出对象名和参数表。

---

📑🔍 练一练

7-13：多重继承中使用构造方法和析构方法(🔧**源码路径**：daima/7/duo.cpp)

7-14：二义性问题(🔧**源码路径**：daima/7/er.cpp)

---

# 第 **8** 章

多态、抽象类、重载

多态(Polymorphism)的字面意思是"多种状态"，而在面向对象语言中，将一种方法或接口的多种不同的实现方式称之为多态。多态是面向对象程序设计的重要特征之一，是扩展性在"继承"之后的又一重大表现。本章将详细讲解 C++语言多态性的知识和用法，并讲解抽象类和重载的知识。

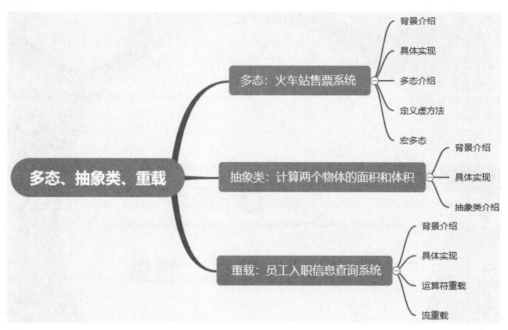

## 8.1　多态：火车站售票系统

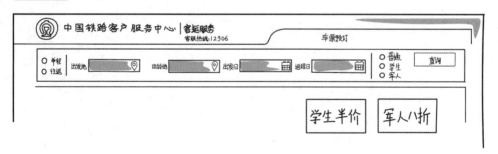

### 8.1.1　背景介绍

我国《铁路旅客运输规程》规定，普通成人火车票全价不打折，学生火车票半价，军人火车票 8 折。请编写一个购票程序，能够根据用户的类型显示折扣信息。

## 8.1.2 具体实现

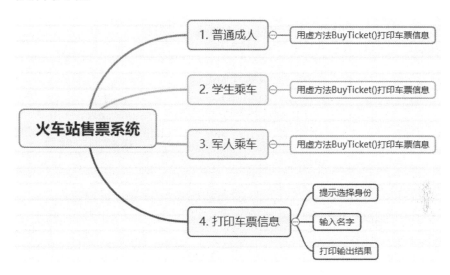

项目 8-1 火车站售票系统( 源码路径：daima/8/xu.cpp)

本项目的实现文件为 xu.cpp，具体代码如下所示。

```cpp
#include<iostream>
#include<cstring>
using namespace std;


class Person {
public:
    Person(const char* name):_name(name){}

    // 虚方法
    virtual void BuyTicket() {
        cout << _name << " Person: 买票-全价 100￥" << endl;
    }

protected:
    string _name;
};
```

定义普通成人类 Person，在里面创建虚方法 BuyTicket()，功能是打印输出车票信息

> 定义学生类 Student，作为 Person 的子类，在里面创建虚方法 BuyTicket()，功能是打印输出对应的车票信息

```cpp
class Student: public Person {
public:
    Student(const char* name) :Person(name)
    {}


    // 虚方法 + 方法名/参数/返回值 -> 重写/覆盖
    virtual void BuyTicket() {
        cout << _name << " Student：买票-半价 50￥" << endl;
    }
};
```

> 定义军人类 Soldier，作为 Person 的子类，在里面创建虚方法 BuyTicket()，功能是打印输出对应的车票信息

```cpp
class Soldier: public Person {
public:
    Soldier(const char* name)
        :Person(name)
    {}


    // 虚方法 + 方法名/参数/返回值 -> 重写/覆盖
    virtual void BuyTicket() {
        cout << _name << "Soldier：优先买预留票-88 折 88￥" << endl;
    }
};
```

> 定义函数 Pay()，功能是根据参数值调用对应的虚方法 BuyTicket()

```cpp
void Pay(Person& ptr)
{
    ptr.BuyTicket();
}


int main()
{
    int option = 0;
    cout << "======================================" << endl;
    do
    {
        cout << "请选择身份: ";
        cout << "1.普通人  2.学生  3.军人" << endl;
        cin >> option;
        cout << "请输入名字: ";
```

> 提示用户选择身份类型和名字

```
    string name;
    cin >> name;
    switch (option)
    {
    case 1:{
            Person p(name.c_str());
            Pay(p);
            break;
    }
    case 2:{
            Student s(name.c_str());
            Pay(s);
            break;
    }
    case 3:{
            Soldier s(name.c_str());
            Pay(s);
            break;
    }
    default:
        cout << "输入错误,请重新输入" << endl;
        break;
    }
    cout << "====================================" << endl;
} while (option != -1);

    return 0;
}
```

如果选择了"普通人",则执行对应的虚方法

如果选择了"学生",则执行对应的虚方法

如果选择了"军人",则执行对应的虚方法

如果输入其他选项则输出"输入错误,请重新输入"

执行结果如下:

```
====================================
请选择身份: 1.普通人  2.学生  3.军人
1
请输入名字: aa
aa Person: 买票-全价 100￥
====================================
请选择身份: 1.普通人  2.学生  3.军人
2
请输入名字: bb
bb Student: 买票-半价 50 ￥
```

```
========================================
请选择身份: 1.普通人  2.学生  3.军人
3
请输入名字: cc
cc Soldier: 优先买预留票-88 折 88 ￥
========================================
请选择身份: 1.普通人  2.学生  3.军人
```

## 8.1.3　多态介绍

在计算机程序运行时，相同的消息可能会送给多个不同的类别对象，而系统可依据对象所属的类别，引发对应类别的方法，而有不同的行为。简单来说，多态是指将相同的消息给予不同的对象会引发不同的动作。

在面向对象编程语言中，对多态的定义是：将同一操作作用于不同类的实例会产生不同的执行结果。多态的目的是封装可以模块化使用的代码，继承可以扩展已存在的代码，目的是实现代码重用。

多态(polymorphism)一词最初来源于希腊语 Polumorphos，含义是具有多种形式或形态的情形。在程序设计领域，一个对多态广泛认可的定义是"一种将不同的特殊行为和单个泛化记号相关联的能力"。在 C++语言中，多态包含编译时的多态和运行时的多态两大类，具体说明如下：

- ◇ 编译时的多态：主要是指方法的重载(包括运算符的重载)、对重载方法的调用，在编译时根据实参确定应该调用哪个函数。
- ◇ 运行时的多态：和继承、虚方法等概念有关，C++运行时多态性主要是通过虚方法来实现的，虚方法允许子类重新定义成员方法，而子类重新定义父类的做法称为覆盖(Override)，或者称为重写。

---

▎注意 ▎

多态两个要求：

(1) 子类虚方法重写的父类虚方法(重写：三同(方法名/参数/返回值)+虚方法)。

(2) 父类指针或者引用去调用虚方法。

---

## 8.1.4　定义虚方法

在 C++程序中，可以使用方法继承的方式快速开发程序，为了满足多态与泛型编程这一性质，C++允许通过虚方法实现多态。使用关键字 virtual 声明虚方法，具体语法格式如下：

**virtual** 类型函数名 (参数表)；

在创建虚方法后，在同一类族的类中，所有与该虚方法具有相同参数和返回值类型的同名方法都将自动成为虚方法，无论是否加关键字 virtual。例如下面的代码，在基类中创建了虚方法，在派生类中重定义了虚方法。

```
class 类名{
  public:
  virtual 成员方法说明;
}
class 类名: 基类名{
  public:
  virtual 成员方法说明;
}
```

在很多情况下，基类本身生成对象是不合情理的。例如，动物作为一个基类可以派生出老虎、孔雀等子类，但动物本身生成的对象明显不合常理。为了解决上述问题，C++引入了纯虚方法的概念。当将一个函数定义为纯虚方法后，编译器会要求在派生类中必须予以重载以实现多态性。定义一个函数为纯虚方法的直接原因是为了实现一个接口，起到一个规范的作用，要求继承这个类的程序员必须实现该函数。将虚方法变为纯虚方法的办法是在方法原型后加 "=0"，具体语法格式如下：

**virtual void** 类型函数名 (参数表)=0；

> 📖🔍 练一练
>
> 8-1：解答一道面试题(🗝源码路径：daima/8/mianshi.cpp)
>
> 8-2：联合使用多态和函数(🗝源码路径：daima/8/duo.cpp)

## 8.1.5　宏多态

宏是指替换，即在编程时用一个标记来代替一个字符串，并在编译时将该标记替换为对应的字符串。在 C++程序中，使用关键字#define 定义宏多态，通常将宏分为如下两种：

（1）带参数宏：当使用带参数的宏定义时，没有规定其参数的具体类型，仅仅定义了一个处理参数的方法，至于具体完成什么动作是由参数的类型决定的。

（2）不带参数宏：用于实现纯粹的字符串替换功能。

**实例 8-1** 使用宏多态(📁源码路径：daima/8/hong.cpp)

本实例的实现文件为 hong.cpp，具体代码如下所示。

```cpp
#include<iostream>
#include<cstring>
using namespace std;

#define hong(x)  ((x)==0)
#define _ADD_(x,y)  ((x)+(y))
int main(){
    int x[3]={1,2,3};
    int *p=NULL;
    string str1("hello");
    string str2("world");
    cout<<hong(x[0])<<endl;        //判断整数是否为 0
    cout<<hong(p)<<endl;           //判断指针是否为空
    p=x;
    cout<<_ADD_(x[1],*p)<<endl;    //整数加
    cout<<p<<endl;                 //输出地址
    p=_ADD_(p,1);                  //指针地址递增
    cout<<p<<endl;                 //输出地址
    cout<<(*p)<<endl;
    cout<<_ADD_(str1,str2)<<endl; //字符串连接
    return 0;
}
```

行 1：断言宏
行 2：加法宏

在上述代码中分别定义了两个宏 hong 和_ADD_，前者是断言宏，后者是加法宏。

❖ 宏 hong：在 hong 的第一次调用中，参数是整数，所以执行的是判断整数是否为 0 的操作。第二次调用时参数为指针，所以执行的是判断是否为空的操作。

❖ 宏_ADD_：第一次调用中，参数都是整数，所以执行的是整数加法运算。第二次调用中，参数是指针和整数 1，所以执行的是指针地址增加 1，即指向数组的下一个整数。最后一次调用中，参数都是字符串，所以执行的是串的连接。

执行结果如下：

```
0
1
3
0x72fe94
0x72fe98
2
helloworld
```

从执行结果可以看出，宏多态依赖于参数的类型，参数的类型决定了宏要完成什么样的功能。实质上宏是在编译时替换的，这种替换是不加任何改动的替换。所以在替换后相当于在代码中出现宏的地方直接写了一段代码，所以有什么样的参数，就会有什么样的操作。

> **注意**
>
> 在C++中断言是一种特殊的宏，用来判断引入的参数是否为TURE(真值)，如果是TURE则继续向下执行，否则直接退出整个程序并报错。

## 8.2 抽象类：计算两个物体的面积和体积

扫码看视频

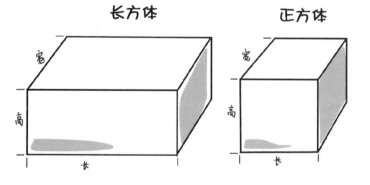

### 8.2.1 背景介绍

创建绘制线条的类 Line，然后分别创建此类的子类 Rec，创建类 Rec 的子类 Cuboid(长方体)，创建类 Cuboid 的子类 Cube(正方体)。请分别设置长方体的参数(长、宽、高)和正方体参数(边长)，计算长方体和正方体的面积和体积。

## 8.2.2　具体实现

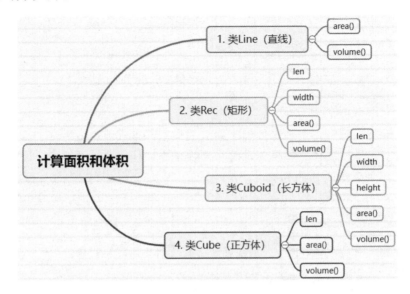

项目 8-2　计算两个物体的面积和体积( 源码路径：daima/8/mian.cpp)

本项目的实现文件为 mian.cpp，具体代码如下所示。

```cpp
#include<iostream>
#include<cstring>
using namespace std;
class Line {
    public:
        Line(float len);
        virtual float area() = 0;
        virtual float volume() = 0;
    protected:
        float m_len;
};
Line::Line(float len) : m_len(len) { }
//矩形
class Rec: public Line {
    public:
        Rec(float len, float width);
        float area();
    protected:
```

定义线条类 Line，包含两个成员虚方法 area()和 volume()，前者用于计算面积，后者用于计算体积

定义矩形类 Rec，包含成员方法 area()，用于计算面积

```
        float m_width;
};
Rec::Rec(float len, float width) : Line(len), m_width(width) { }
float Rec::area() { return m_len * m_width; }
//长方体
class Cuboid : public Rec {
    public:
        Cuboid(float len, float width, float height);
        float area();
        float volume();
    protected:
        float m_height;
};
Cuboid::Cuboid(float len, float width, float height) : Rec(len, width),
m_height(height) { }
    float Cuboid::area() {
        return 2 * (m_len * m_width + m_len * m_height + m_width * m_height);
    }
    float Cuboid::volume() {
        return m_len * m_width * m_height;
    }
//正方体
class Cube : public Cuboid {
    public:
        Cube(float len);
        float area();
        float volume();
};
Cube::Cube(float len) : Cuboid(len, len, len) { }
    float Cube::area() {
        return 6 * m_len * m_len;
    }
    float Cube::volume() {
        return m_len * m_len * m_len;
    }
int main() {
    Line* p = new Cuboid(10, 20, 30);
    cout << "长方体的面积是" << p->area() << endl;
    cout << "长方体的体积是" << p->volume() << endl;
```

> 定义长方体类 Cuboid，包含两个成员方法 area()和 volume()，前者用于计算面积，后者用于计算体积

> 定义正方体类 Cube，包含两个成员方法 area()和 volume()，前者用于计算面积，后者用于计算体积

> 设置长方体的三个边长，然后分别计算面积和体积

```
p = new Cube(15);
cout << "正方体的面积是" << p->area() << endl;
cout << "正方体的体积是" << p->volume() << endl;
return 0;
}
```

设置正方体的边长，然后分别计算面积和体积

执行结果如下：

```
长方体的面积是 2200
长方体的体积是 6000
正方体的面积是 1350
正方体的体积是 3375
```

## 8.2.3　抽象类介绍

在面向对象的概念中，所有的对象都是通过类来描绘的，但并不是所有的类都是用来描绘对象的。如果一个类中没有包含足够的信息来描绘一个具体的对象，这样的类就是抽象类。抽象类常用于表示对问题领域进行分析、设计中得出的抽象概念，是对一系列看上去不同，但在本质上相同的具体概念的抽象。比如正在开发一个图形编辑软件，就会发现需要用到圆、三角形等一些具体的图形概念。虽然各个图形的概念是不同的，但是它们又都属于形状这样一个概念，形状这个概念在问题领域是不存在的，它就是一个抽象概念。正是因为抽象的概念在问题领域没有对应的具体概念，所以用以表征抽象概念的抽象类是不能够实例化的。

在 C++程序中，将含有纯虚函数的类称为抽象类。抽象类的主要作用是将有关的操作作为结果接口组织在一个继承层次结构中，由它来为派生类提供一个公共的根，派生类将具体实现在其基类中作为接口的操作。所以派生类实际上刻画了一组子类的操作接口的通用语义，这些语义也传给子类，子类可以具体实现这些语义，也可以再将这些语义传给自己的子类。

在含有纯虚方法的抽象类中，任何试图对该类进行实例化的语句都会导致错误，这是因为抽象类是不能被直接调用的，纯虚方法必须被子类定义后才能被调用。抽象类只能被作为基类来使用，其纯虚方法的实现是由派生类给出的。如果在派生类中没有重新定义纯虚方法，而派生类只是继承基类的纯虚方法，则这个派生类仍然是一个抽象类。如果在派生类中给出了基类纯虚方法的具体实现，则该派生类就不再是抽象类，而是一个可以建立对象的具体类。

> **注意**
>
> 在实际开发中，可以定义一个抽象基类，只完成部分功能，未完成的功能交给派生类去实现(谁派生谁实现)。这部分未完成的功能，往往是基类不需要的，或者在基类中无法实现的。虽然抽象基类没有完成，但是却强制要求派生类完成，这就是抽象基类的"霸王条款"。

**练一练**

8-3: 使用虚方法和抽象基类( 源码路径: daima/8/shi.cpp)

8-4: 显示猫和狗的最爱食品( 源码路径: daima/8/zui.cpp)

## 8.3 重载：员工入职信息查询系统

扫码看视频

### 8.3.1 背景介绍

某公司根据每名员工的入职时间发工资。每名员工申请工资后，财务人员将查询这名员工的入职时间。请使用 C++程序开发一个查询系统，验证员工的入职时间是否正确。

## 8.3.2  具体实现

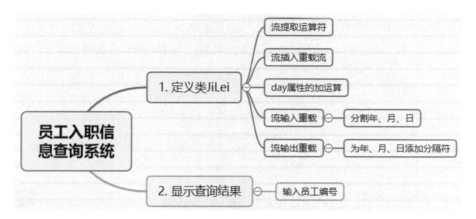

项目 8-3  员工入职信息查询系统( 📂 源码路径：daima/8/chong.cpp)

本项目的实现文件为 chong.cpp，具体代码如下所示。

```cpp
#include<iostream>
#include<cstring>
using namespace std;

class JiLei;                                        // 定义类 JiLei

istream &operator >>(istream & input,JiLei & date);
ostream& operator <<(ostream& output,JiLei & date);
class JiLei{
public:                                            // 流提取运算符和流插入重载流
        JiLei(int y=2008,int m=9,int d=10);
        JiLei operator +(const int &i);
        friend ostream &operator <<(ostream& output,JiLei & date); //流输出重载
        friend istream &operator >>(istream & input,JiLei & date); //流输入重载
private:
        int year,month,day;
};
JiLei JiLei::operator +(const int &i){
    JiLei cd;
    cd.year=year;
    cd.month=month;                                // day 属性的加运算
    cd.day=day+i;
    return cd;
}
```

```
}
//流输入重载
istream &operator >>(istream & input,JiLei & date){
    string str;
    int index[2]={-1,-1};
    input>>str;
    index[0]=str.find("/",0);                    //年月的分割标记
    if (index[0]>=0){
        date.year=atoi(str.substr(0,4).c_str());   //取年
        index[0]++;
        index[1]=str.find("/",index[0]);          //月日的分割标记
        if (index[1]>index[0]){
            date.month=atoi(str.substr(index[0],index[1]).c_str());//取月
            index[1]++;
            date.day=atoi(str.substr(index[1],2).c_str());//取日
        }
    }
    return input;
}
ostream& operator <<(ostream& output,JiLei & date){
string str;
char ch[10];
str.assign(itoa(date.year,ch,10));
str.append("/");                             //年和月添加分隔符
str.append(itoa(date.month,ch,10));
str.append("/");                             //月和日添加分隔符
str.append(itoa(date.day,ch,10));
return output<<str<<endl;
}
JiLei::JiLei(int y,int m,int d){               //实现构造函数JiLei
    year=y;
    month=m;
    day=d;
}
int main(void){
    cout << "请输入你的职员编号: " << endl;   //提示输入编号
    JiLei date(2021, 9, 9);
    cin >> date;                              //流输入重载
    cout << "你的入职时间是: " << date;       //流输出重载
    return 0;
```

实现输入流重载，用于分割日期中的年、月、日

实现输出流重载，用于分割后的年、月、日添加分隔符

根据输入的编号显示入职时间

```
}
```

当重载输入流时，程序从命令行读入一个日期字符串，并以"/"作为分隔符。执行后可以先提示我们输入编号，按 Enter 键后将输出显示此员工的入职时间。执行结果如下：

```
请输入你的职员编号：
108108
你的入职时间是：2021/9/9
```

## 8.3.3　运算符重载

在 C++程序中，在同一作用域内可以有多个具有相同函数名、不同参数列表的函数，这些函数被称为重载函数。重载函数通常用来命名一组功能相似的函数，这样做减少了函数名的数量，避免了名字空间的污染，对于程序的可读性有很大的好处。而运算符重载正是借鉴了函数重载的好处，可以实现"一种运算符多种意义"的用法。

举一个简单的例子，大家熟知的加法运算符"+"，应用在数学上会很好理解，但是如果有一个动物类，然后将这个动物类的两个实例对象相加是什么意思呢？这就是重载的目的。比如这个动物类中有质量属性，在动物类中重载这个加法运算符，两个实例对象相加就代表着质量的相加。当然，也可以定义成其他，比如表示这个动物每天吃的食物的质量属性。从这个意义上来说，重载运算赋给了 C++程序以很大的灵活性。

具体来说，C++运算符重载的作用是允许我们为类的用户提供一个直觉的接口。通过使用运算符重载，允许 C/C++的运算符在用户定义类型(类)上拥有一个用户定义的意义。通过重载类上的标准算符，可以发掘类的用户的直觉，使得用户程序所用的语言是面向问题的，而不是面向机器的，最终目标是降低学习曲线并减少错误率。

在 C++程序中，除了少数几个运算符以外全部可以重载，而且只能重载已有的运算符。具体来说，C++可以重载的运算符如下：

- ✧　算术运算符：+，-，*，/，%，++，--；
- ✧　位操作运算符：&，|，~，^，<<，>>；
- ✧　逻辑运算符：!，&&，||；
- ✧　比较运算符：<，>，>=，<=，==，!=；
- ✧　赋值运算符：=，+=，-=，*=，/=，%=，&=，|=，^=，<<=，>>=；
- ✧　其他运算符：[]，()，->，，(逗号运算符)，new，delete，new[]，delete[]，->*。

在本书前面的内容中，已经在不知不觉中使用了运算符重载。例如，+号可以对不同类型(int、float 等)的数据进行加法操作；<<既是位移运算符，又可以配合 cout 向控制台输出数据。C++本身已经对这些运算符进行了重载。在 C++程序中，实现运算符重载的语法格式如下：

```
<返回类型说明符> &operator<运算符>(参数列表) {
    函数体
}
```

一元运算符只能重载一元运算符，双目运算符只能重载双目运算符。

在 C++的内置类库中提供了两个重要的 I/O 操作符，分别是流提取运算符>>和流插入运算符<<。在头文件 istream 中已经对>>和<<进行了重载，可以用于输入/输出多种标准类型的数据。

📖🔍 练一练

8-5：重载++、--(🖊源码路径：daima/8/jiajia.cpp)

8-6：重载负号(-)(🖊源码路径：daima/8/fu.cpp)

# 8.3.4　流重载

## 1. 流插入重载

在 C++程序中，流插入运算符是<<，表示将右边的数据送到输出流 count 中，并输出相应的信息。当遇到自定义类型时，必须对该运算符进行重载，以便可以支持将自定义类型的数据插入输出流的能力。使用流插入重载的语法格式如下：

```
ostream &operator<<(ostream &,自定义类&);
```

当使用上述格式实现重载时，返回值必须是 ostream 型，第一个参数也必须是 ostream 型，第二个参数是自定义类型。上述形式的重载只能定义为友元和普通函数，而不能定义为类的成员方法。

## 2. 流提取重载

在 C++程序中，流提取运算符是>>，表示将左边的输入流中的数据传送给右边的变量。使用流提取运算符的语法格式如下：

```
istream &operator<<(istream &,自定义类&);
```

当使用上述格式实现重载时,返回值必须是 istream 型,第一个参数也必须是 istream 型,第二个参数是自定义类型。上述形式的重载只能定义为友元和普通方法，而不能定义为类的成员方法。

练一练

8-7：使用运算符操作复数类(源码路径：daima/8/yun7.cpp)

8-8：重载流插入运算符"<<"和"+" (源码路径：daima/8/bian.cpp)

# 第 9 章

命名空间和作用域

　　命名空间是许多编程语言使用的一种代码组织的形式，功能是将各种命名实体(类、变量、常量等)进行分组，各组之间可以互不影响，避免出现变量、类和方法等发生重名的情况。本章将详细介绍命名空间和作用域的知识。

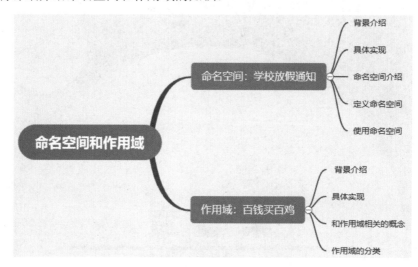

## 9.1　命名空间：学校放假通知

扫码看视频

## 9.1.1　背景介绍

寒假即将开始，大家都在翘首等待学校发出放假通知。请使用 C++设计一个放假通知程序，展示放假信息。

## 9.1.2　具体实现

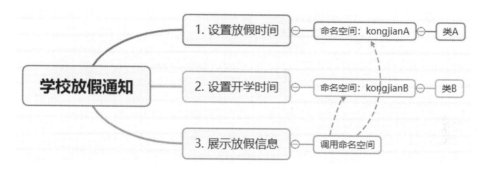

**项目 9-1**　学校放假通知(📄源码路径：daima/9/deng.cpp)

本项目的实现文件为 deng.cpp，具体代码如下所示。

```cpp
#include<iostream>
#include<cstring>
using namespace std;
namespace kongjianA{
class A{
public:
  int fun(void){
    cout<<"寒假放假通知："<<endl;
    return 1;
  };
};
    char *str="1月14日开始放假";
}
namespace kongjianB{
class A{
 public:
  int fun(void){
    cout<<" "<<endl;
    return 1;
```

定义命名空间 kongjianA，在里面包含的成员有类 A、函数 fun()和变量 str

命名空间 kongjianA 和 kongjianB 里面的成员名(类 A、函数 fun()和变量 str)相同，但是合法

定义命名空间 kongjianB，在里面包含的成员有类 A、函数 fun()和变量 str

```
        };
    };
        char *str="开学时间：2月29日";
}
int main(){
    kongjianA::A aa;
    kongjianB::A ba;
    ba.fun();
    aa.fun();

    cout<<kongjianA::str<<endl;
    cout<<kongjianB::str<<endl;
    return 0;
}
```

分别用空间 kongjianA 和 kongjianB 声明变量

分别调用 bb 和 aa 中的函数 fun()

分别输出空间 kongjianA 和 kongjianB 中的变量 str

执行结果如下：

> 寒假放假通知：
>
> 1月14日开始放假
>
> 开学时间：2月29日

## 9.1.3　命名空间介绍

在 C++语言中，经常需要创建常量、变量、函数、结构、枚举、类和对象等成员，在创建时需要为它们命名。为了防止在大型程序中发生命名冲突，C++引入了关键字 namespace(命名空间/名字空间/名称空间/名域)，以便更好地控制标识符的作用域。例如在 Windows 操作系统中，硬盘中的目录用文件夹可以实现文件分组功能，对于硬盘中的文件夹来说，它就扮演了命名空间的角色。如文件 foo.txt 可以同时在目录/home/greg 和/home/other 中存在，但在同一个目录中不能存在两个 foo.txt 文件。另外，当在目录 /home/greg 外部访问 foo.txt 文件时，必须将目录名以及目录分隔符放在文件名之前得到/home/greg/foo.txt。这个原理应用到程序设计领域就是命名空间的概念。

在 C++语言中，与命名空间相关的概念有以下三个。

    ❖    声明域(declaration region)：是声明标识符的区域。如在函数外面声明的全局变量，它的声明域为声明所在的文件。在函数内声明的局部变量，它的声明域为声明所在的代码块(例如整个函数体或整个复合语句)。

    ❖    潜在作用域(potential scope)：从声明开始，到声明域的末尾的区域。因为 C++采用的是先声明后使用的原则，所以在声明之前的声明域中，标识符是不能用的(标识符的潜在作用域，一般会小于其声明域)。

◇ **可见性(scope)**：是指标识符对程序可见的范围。标识符在其潜在作用域内，并非在任何地方都是可见的。例如，局部变量可以屏蔽全局变量、嵌套层次中的内层变量可以屏蔽外层变量，被屏蔽的全局或外层变量在其被屏蔽的区域内是不可见的。

## 9.1.4 定义命名空间

在 C++程序中，定义命名空间的语法格式如下：

```
namespace 命名空间名 {
  声明序列可选(可以定义常量、变量、函数)
}
```

命名空间可以没有名字，定义无名命名空间的语法格式如下：

```
namespace {
  声明序列可选
}
```

可以在外部定义无名命名空间的成员，具体语法格式如下：

命名空间名::成员名;

在声明一个命名空间时，花括号内的成员可以包括变量、常量、函数等，但不能直接包括类、结构体、模板等类型的定义。如果需要定义类、结构体、模板等类型，应该在命名空间外部进行定义，或者放在全局命名空间中。例如下面的代码，在命名空间 nsl 中设置了几种不同类型的成员。

```
namespace nsl{
   const int RATE=0.08;   //常量
   doublepay;             //变量
   doubletax(){           //函数
      return a*RATE;
   }
   namespace ns2 {        //嵌套的命名空间
      int age;
   }
}
```

如果想输出上述代码命名空间 nsl 中成员的数据信息，可以采用下面的代码实现：

```
cout<<ns1::RATE<<endl;
cout<<ns1::pay<<endl;
cout<<ns1::tax()<<endl;
cout<<ns1::ns2::age<<endl;        //需要指定外层的和内层的命名中间名
```

虽然命名空间的方法和使用方法与类差不多,但是它们之间有一点差别,声明类时在右花括号的后面有一个分号,而在定义命名空间时,花括号的后面没有分号。

## 9.1.5  使用命名空间

在 C++语言中有 4 种使用命名空间的方法,分别是域限定符、using 指令、using 声明和别名。

### 1. 使用域限定符

在项目 9-1 中通过域限定符“::”调用了命名空间。域限定符即作用域解析运算符,通过域解析运算符“::”引用命名空间中的成员。使用域限定符“::”的语法格式如下:

命名空间名::成员名;

如果是嵌套的命名空间,则需要写出所有的空间名,具体语法格式如下:

命名空间名 1::命名空间名 2::…命名空间名 n::空间成员名;

### 2. 使用 using 指令

在 C++程序中,可以使用 using 指令引用某个命名空间,具体语法格式如下:

**using namespace** 命名空间名;
**using** 命名空间名::成员名;

> using 只能作用于一个命名空间,它明确指明了用到的是哪一个命名空间

### 3. 使用 using 声明

在 C++程序中,除了可以使用 using 编译指令(组合关键字 using namespace)外,还可以使用 using 声明来简化对命名空间中名称的使用。使用 using 声明的语法格式如下:

**using** 命名空间名::[命名空间名::…]成员名;

在上述格式中,关键字 using 后面并没有写关键字 namespace,而且最后必须是命名空间的成员名(在 using 编译指令的最后,必须为命名空间名)。与 using 指令不同的是,using声明只是把命名空间的特定成员的名称添加该声明所在的区域中,使得该成员可以不需要采用(多级)命名空间的作用域解析运算符来定位,而直接被使用。但是该命名空间的其他成员,仍然需要作用域解析运算符来定位。例如:

```cpp
#include "out.h"
#include <iostream>
using namespace Outer;        //注意，此处无::Inner
using namespace std;
//using Inner::f;             //编译错误，因为函数f()有名称冲突
using Inner::g;              //此处省略Outer::，因为Outer已经被前面的using指令作用过
using Inner::h;
int main ( ) {
    i = 0;                  //等价：Outer::i
    f();                    //等价：Outer::f(), Outer::i = -1;
    Inner::f();             //等价：Outer::i = 0;
    Inner::i = 0;
    g();                    //等价：Inner::g(), Inner::i = 1;
    h();                    //等价：Inner::h(), Inner::i = 0;
    cout << "Hello, World!" << endl;
    cout << "Outer::i = " << i << ", Inner::i = " << Inner::i << endl;
}
```

### 4. 使用别名

在编写 C++程序的过程中，有时会因为命名太长而不易使用，此时为了简化代码编写，可以给其设置一个别名，具体语法格式如下：

**namespace** 别名 = 空间名;

C++还允许定义一个无名命名空间，可以在当前编译单元中(无名命名空间之外)直接使用无名命名空间中的成员名称。但是在当前编译单元之外，它又是不可见的。定义无名命名空间的语法格式如下：

```cpp
namespace {
    声明列表;
}
```

上面的定义格式等价于下面的格式。

```cpp
namespace $$$ {
    声明列表;
}
using namespace $$$;
```

例如：

```
namespace
```

```
        int i;
        void f(){};
    }
    int main() {
        i = 0;              //可直接使用无名命名空间中的成员 i
        f();                //可直接使用无名命名空间中的成员 f()
    }
```

练一练

9-1: 访问命名空间中的成员(源码路径: daima/9/chooser.cpp)

9-2: 调用整个命名空间(源码路径: daima/9/adapter.cpp)

## 9.2 作用域：百钱买百鸡

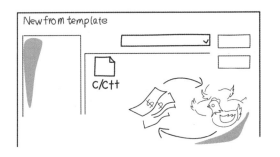

扫码看视频

### 9.2.1 背景介绍

我国古代数学家张丘建在《算经》一书中提出一个数学问题：鸡翁一值钱五，鸡母一值钱三，鸡雏三值钱一。百钱买百鸡，问鸡翁、鸡母、鸡雏各几何？编写一个 C++语言程序，解决上述百钱买百鸡问题，要求使用自定义头文件实现。

### 9.2.2 具体实现

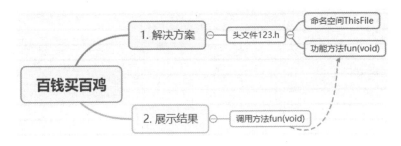

项目 **9-2** 百钱买百鸡(源码路径: daima/9/zuo.cpp 和 123.h)

(1) 编写外部头文件 123.h，使用 namespace 创建一个命名空间，然后在里面创建解决"百钱买百鸡"问题的函数 fun()，具体代码如下所示。

```cpp
#include<iostream>
#include<cstring>
using namespace std;
namespace ThisFile {
    void fun(void) {                    //定义方法 fun()
        int a, b, c;
        for (a = 1; a <= 20; a++)
            for (b = 1; b <= 33; b++)
                for (c = 3; c <= 99; c++)
                    if (5 * a + 3 * b + c / 3 == 100)
                        if (a + b + c == 100)
                            if (c % 3 == 0){
                                cout << "公鸡数为: " << a << "母鸡数为: " << b << "小鸡数为: "
                                    << c << endl;
                            }
    }
}
```

使用 namespace 创建一个命名空间，然后在里面创建解决"百钱买百鸡"问题的函数 fun()

假设母鸡、公鸡、小鸡分别为 x、y、z 只，可以列出方程组:
x+y+z=100
5x+3y+z/3=100
由于钱必须都用上所以 z 必须能整除三

(2) 编写文件 zuo.cpp，调用外部头文件 123.h 命名空间中的函数 fun()，解决"百钱买百鸡"问题。具体代码如下所示。

```cpp
#include<iostream>
#include<cstring>
using namespace std;
#include "123.h"
int main(){
    ThisFile::fun();
}
```

使用 include 引入方法 fun()所在的头文件

执行结果如下:

| | | |
|---|---|---|
| 公鸡数为: 4 | 母鸡数为: 18 | 小鸡数为: 78 |
| 公鸡数为: 8 | 母鸡数为: 11 | 小鸡数为: 81 |
| 公鸡数为: 12 | 母鸡数为: 4 | 小鸡数为: 84 |

## 9.2.3　和作用域相关的概念

通常来说，在一段程序中所用到的变量、常量、类等标识符并不总是有效或可用的，而限定这个标识符可用性的代码范围就是这个标识符的作用域。作用域的使用提高了程序的可靠性，减少了名字冲突问题。通过作用域可以看出一个变量的有效范围，它在哪儿创建，在哪儿销毁(也就是说超出了作用域)。

### 1．全局变量

全局变量是在所有函数体的外部定义的，程序的所在部分(甚至其他文件中的代码)都可以使用。全局变量不受作用域的影响，也就是说，全局变量的生命期一直到程序的结束。如果在一个文件中使用 extern 关键字来声明在另一个文件中存在的全局变量，那么这个文件可以使用这个数据。

### 2．局部变量

局部变量总是在一个指定的作用域内有效，局部变量经常被称为自动变量，因为它们在进入作用域时自动生成，在离开作用域时自动消失。关键字 auto 可以显式地说明这个问题，局部变量默认为 auto，所以没有必要声明为 auto。

### 3．寄存器变量

寄存器变量通过关键字 register 定义。寄存器变量是一种局部变量，通过关键字 register 告诉编译器"尽可能快地访问这个变量"。加快访问速度取决于实现，但是正如其名字所暗示的那样，这通常是通过在寄存器中放置变量来做到的。寄存器变量不能保证将变量放置在寄存器中，也不能保证提高访问速度，它只是对编译器的一个暗示。

使用 register 变量是有限制的，不可能得到或计算 register 变量的地址。register 变量只能在一个块中声明(不可能有全局的或静态的 register 变量)，可以在一个函数中(即在参数表中)使用 register 变量作为一个形式参数。

### 4．静态变量

静态变量使用关键字 static 定义。在函数中定义的局部变量在函数中作用域结束时消失，当再次调用这个函数时会重新创建变量的存储空间，其值会被重新初始化。如果想使局部变量的值在程序的整个生命期里仍然存在，可以定义函数的局部变量为 static(静态的)，并给它一个初始化。初始化只在函数第一次调用时执行，函数调用之间变量的值保持不变(函数可以"记住"函数调用之间的一些信息片段)。static 变量的优点是在函数范围之外它是不可用的，所以它不可能被改变，这会使错误局部化。

### 5．外部变量

外部变量使用关键字 extern 定义。extern 告诉编译器存在着一个变量和函数，即使编译器在当前的文件中没有看到它。这个变量或函数可能在一个文件或者在当前文件的后面定义。

例如，下面的代码，编译器会知道 i 肯定作为全局变量存在于某处。当编译器看到变量 i 的定义时，并没有看到别的声明，所以知道它在文件的前面已经找到了同样声明的 i。

```
extern int i;
```

### 6．常量

外部变量使用关键字 const 定义，const 告诉编译器这个名字表示常量，不管是内部的还是用户定义的数据类型都可以定义为 const。如果定义了某对象为常量，若试图改变它，编译器将会产生错误。在 C++程序中，一个 const 必须有初始值。

### 7．volatile 变量

在 C++程序中，限定词 const 告诉编译器"这是不会改变的"(这就是允许编译器执行额外的优化)。而限定词 volatile 则告诉编译器"不知道何时变化"，防止编译器依据变量的稳定性作任何优化。

## 9.2.4　作用域的分类

在 C++程序中，通常将作用域划分为如下 5 大类。

### 1．文件作用域

所谓的文件作用域就是从声明的地方开始直到文件的结尾。在函数和类之外说明的标识符具有文件作用域，其作用域从声明部分开始，在文件结束处结束。如果标识符出现在头文件的文件作用域中，则它的作用域扩展到嵌入了这个头文件的程序文件中，直到该程序文件结束。文件作用域包含该文件中所有的其他作用域。在同一作用域中不能说明相同的标识符，标识符的作用域和其可见性经常是相同的，但并非始终如此。

### 2．块作用域

块是函数中一对花括号(包括函数定义所使用的花括号)所括起的一段区域。在块内说明的标识符具有块作用域，它开始于标识符被说明的地方，并在标志该块结束的右花括号处结束。如果一个块内有一个嵌套块，并且该块内的一个标识符在嵌套块开始之前说明，则这个标识符的作用域包含嵌套块。函数的形参具有块作用域，其开始点在标志函数定义开始的第一个左花括号处，结束于标志函数定义结束的右花括号处。

### 3．函数原型作用域

在函数说明的参数表中说明的标识符具有函数原型作用域，该作用域终止于函数原型说明的末尾。示例代码如下：

```
int sum(int first , int second);
second=0;          //错，标识符 second 在此不可见
```

### 4．函数作用域

具有函数作用域的标识符在该函数内的任何地方可见。在 C++程序中，只有 goto 语句的标号具有函数作用域。因此，标号在一个函数内必须唯一。

### 5．类作用域

类作用域是指类成员的有效范围和成员函数名查找顺序。类的作用域简称类域，它是指在类的定义中由一对花括号括起来的部分。每一个类都具有该类的类域，该类的成员局部于该类所属的类域中。在类的定义中可知，类域中不但可以定义变量，而且也可以定义函数。从这一点上看类域与文件域很相似。但是，类域又不同于文件域，在类域中定义的变量不能使用 auto、register 和 extern 等修饰符，只能用 static 修饰符，而定义的函数也不能用 extern 修饰符。另外，在类域中的静态成员和成员函数还具有外部的连接属性。

**实例9-1**　大一新生见面会上的自我介绍(🔍源码路径: daima/9/from.cpp)

本实例的实现文件为 from.cpp，具体代码如下所示。

```
#include<iostream>
#include<cstring>
using namespace std;

void fun(void){                  定义函数 fun()
    cout<<"新生 X 说：我的名字是 fun，来自 other file"<<endl;
}
string str="新生 Y 说：我的名字是 str，来自 other file";

namespace Space{          使用 namespace 创建命名空间 Space，然后在里面
                          创建函数 fun()和变量 str。
    void fun(void) {
        cout << "新生 A 说：我的名字是 fun，来自 Space! " << endl;
    }
    string str = "新生 B 说：我的名字是 str，来自 Space! ";
```

```
}
class Lei{
public:
    void fun(void){
        cout << "新生 C 说：我的名字是 fun，来自 Lei" << endl;
    }
    string str;
    Lei(){                          //构造方法
        str.assign("新生 D 说：我的名字是 str，来自 Lei！");
    }
};
void fun1(void) {
    cout << "新生 E 说：我的名字是 fun1，来自 this file！" << endl;
}
string str1 = "新生 F 说：我的名字是 str1，来自 this file！";
int main(){

    cout << "老师说：新生同学们好，请大家从前排开始依次自我介绍！" << endl;
    string str1 = "新生 G 说：我的名字是 str1，来自 local！";
    Lei Lei;            //使用文件内定义的类
    Lei.fun();          //使用文件内定义的方法
    Space::fun();       //使用命名空间内的方法
    fun();              //使用其他文件中的方法
    fun1();             //使用文件域内的方法
    cout << Space::str.c_str() << endl;    //使用空间内的变量
    cout << Lei.str.c_str() << endl;       //使用类内的变量
    cout << str.c_str() << endl;           //使用文件域内的变量
    cout << str1.c_str() << endl;          //使用主方法内的变量
    cout << ::str1.c_str() << endl;        //使用限定符
    cout << "老师说：大家都介绍完了，希望在未来 4 年都好好相处！" << endl;
    return 0;
}
```

创建类 Lei，然后在里面创建函数 fun()、变量 str 和构造方法 Lei()。

在当前文件内直接创建函数 fun1()

在当前文件内直接创建变量 str

在主函数内创建变量 str

调用不同的方法

调用不同的变量

执行结果如下：

> 老师说：新生同学们好，请大家从前排开始依次自我介绍！
>
> 新生 C 说：我的名字是 fun，来自 Lei
>
> 新生 A 说：我的名字是 fun，来自 Space！
>
> 新生 X 说：我的名字是 fun，来自 other file
>
> 新生 E 说：我的名字是 fun1，来自 this file！

新生 B 说：我的名字是 str，来自 Space！

新生 D 说：我的名字是 str，来自 Lei！

新生 Y 说：我的名字是 str，来自 other file

新生 G 说：我的名字是 str1，来自 local！

新生 F 说：我的名字是 str1，来自 this file！

老师说：大家都介绍完了，希望在未来 4 年都好好相处！

# 第10章

## 模 板

　　模板是 C++语言的最重要特性之一，其功能是根据参数类型生成函数或类的机制。模板这一说法源于 20 世纪 90 年代 ANSI/ISO C++标准，通过使用模板，可以只设计一个类来处理多种类型的数据，而且不需要分别为每种类型创建类。这样，不仅提高了编程效率，而且提高了代码的维护性。本章将详细讲解 C++模板的知识。

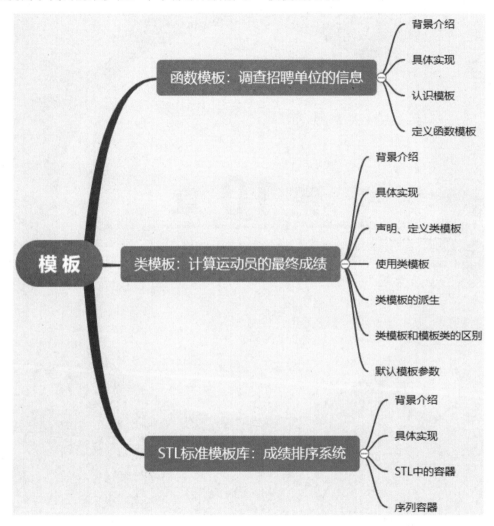

## 10.1　函数模板：调查招聘单位的信息

扫码看视频

### 10.1.1　背景介绍

近日舍友 A 的手头比较拮据，为了缓解经济问题，他决定寻觅一兼职。在各大招聘网站、APP 等渠道无数次的寻觅之后，最终选择了两家他认为是理想目标的企业。在去应聘之前，他通过互联网初步了解了这两家企业的基本信息。了解到的信息如下：

◇　公司 A 开发工程师职位的薪水范围是 12999 到 15999

◇　公司 B 开发工程师职位的薪水范围是 14999.9 到 18999.6

### 10.1.2　具体实现

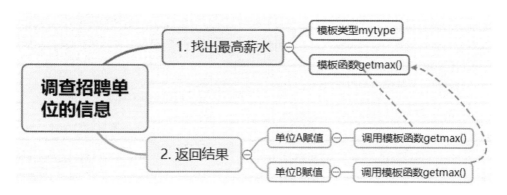

**项目 10-1** 调查招聘单位的信息（ 源码路径：daima/10/mo.cpp）

本项目的实现文件为 mo.cpp，具体代码如下所示。

```cpp
#include<iostream>
using namespace std;                    定义通用类型 mytype

template <class mytype>
mytype getmax (mytype x, mytype y){     定义模板函数 getmax(),功能是返回参
    return (x>y?x:y);                   数 x 和 y 中的最大值
}
int main(void){                         将变量 x 和 y 赋值为整数
    int x=15999;      //变量 x 赋值为 15999
    int y=12999;      //变量 y 赋值为 12999    将变量 a 和 b 赋值为浮点数
    float a=14999.9;  //变量 a 赋值为 14999.9
    float b=18999.6;  //变量 b 赋值为 18999.6  调用函数 getmax()，参数为整数
    cout << "公司 A 开发工程师的顶薪是: "<<getmax(x, y) <<"元"<< endl;
    cout << "公司 B 开发工程师的顶薪是: " << getmax(a, b) <<"元"<<endl;
    return 1;
}                                       调用函数 getmax()，参数为浮点数
```

执行结果如下：

```
公司 A 开发工程师的顶薪是: 15999 元
公司 B 开发工程师的顶薪是: 18999.6 元
```

## 10.1.3  认识模板

在软件开发领域中，模板是一种重要的软件复用技术。一个模板可以实现某个具体功能，在实现一个模板后，可以多次调用这个模板来实现这个功能。因为 C++程序是由类和函数组成的，所以 C++中的模板被分为类模板和函数模板两种。比如要编写一个用于比较两个变量大小的函数，并返回其中较大的那个，如果不使用模板，则必须为每种类型都编写一个函数。例如下面的比较函数：

```cpp
int zheng(int x, int y) {          //整型数的比较函数
    return (x>y?x:y);
}
float fudian(float x, float y) {   //浮点数的比较函数
    return (x>y?x:y);
}
```

```
int main(int argc, char* argv[]){
    int x1=7,y1=8;                  //变量 x1 赋值为 7，变量 y1 赋值为 8
    float x2=2.4,y2=4.5;            //变量 x2 赋值为 2.4，变量 y2 赋值为 4.5
    cout<<getmax(x1,y1)<<endl;
    cout<<getmax(x2,y2)<<endl;
    return 0;
}
```

上述代码非常简单，3 个函数分别实现了整数的比较和浮点数的比较。并且在上述代码中使用了重载技术，如果需要比较其他类型的数据，也需要继续编写重载函数。但是使用模板后，只需定义一个函数即可。例如在项目 10-1 中，演示了在 C++程序中使用模板的过程。

## 10.1.4  定义函数模板

函数模板是一种特殊的函数，可以使用不同的类型进行调用。对于功能相同的函数来说，不需要重复编写代码。并且函数模板与普通函数看起来很相似，区别就是类型可以被参数化。在定义函数模板时，在关键字 template 后跟随一个或多个模板在尖括弧内的参数和原型。具体语法格式如下：

**template** <类型形式参数表>
返回类型 函数名(形式参数表) {
    函数体;
}

在使用上述格式时需要注意如下 4 点：
- ❖ 关键字 template 总是放在模板的定义和声明的最前面，template 后面是用逗号分隔的模板参数列表。模板参数可以是一个模板类型参数，它代表一种类型，也可以是一个模板非类型参数，它代表一个常量表达式。
- ❖ 如果在全局域中声明了与模板参数同名的对象函数或类型，则该全局名将被隐藏。
- ❖ 在函数模板定义中声明的对象或类型不能与模板参数同名，一个模板的定义和多个声明所使用的模板参数名无须相同。如果一个函数模板有一个以上的模板类型参数，则每个模板类型参数前面都必须有关键字 class 或 typename，即关键字 typename 和 class 可以混用，例如：

**template <typename T, class U>**
T minus(T*, U);

- ❖ 如同非模板函数一样，函数模板也可以被声明为 inline 或 extern，此时应该把指示符 inline 或 extern 放在模板参数表后面，而不是放在关键字 template 前面，关键字跟在模板参数表之后。例如：

```
template <typename Type>
inline
Type min(Type, Type);
```

📖 练一练

10-1：交换各个参数的值(📄源码路径：daima/10/main.cpp)

10-2：找出数组中的最大值(📄源码路径：daima/10/max.cpp)

## 10.2 类模板：计算运动员的最终成绩

扫码看视频

### 10.2.1 背景介绍

在××运动会的跳水比赛中，男子组比赛跳 10 次，计算 10 次成绩的和就是这名男运动员的最终成绩。女子组跳 5 次，计算 5 次成绩的和就是这名女运动员的最终成绩。请编写一程序，分别将男、女运动员的成绩进行排序，并计算出最终得分。

## 10.2.2 具体实现

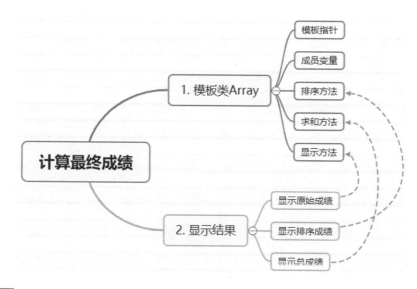

项目 10-2 计算运动员的最终成绩( 源码路径: daima/10/ai.cpp)

本项目的实现文件为 ai.cpp，具体代码如下所示。

```cpp
#include<iostream>
using namespace std;
template <class MM>        ← 定义模板 MM 和模板类 Array
class Array{
private:
        MM *set;                //用模板定义指针
        int n;                  //定义变量 n
public:
        Array(MM *data,int i);  //用模板修饰参数
        ~Array(){}              //声明析构方法
        void sort();            //声明方法 sort        ← 声明模板类中的成员
        MM sum();               //用模板修饰返回值
        void show();
};
template <class MM>
Array<MM>::Array(MM *data,int i){ //实现构造方法
    set=data;                    //变量赋值
    n=i;                         //变量赋值
```

```
        }
        template<class MM>
        void Array<MM>::sort(){            实现排序方法 sort()
            int i,j;                                //定义变量 i 和 j
            MM temp;                                //模板实例 temp
            for(i=1;i<n;i++){                       //逐个比较，大数后移，每一轮都选出一个最小数
                for(j=n-1;j>=i;j--){
                    if(set[j-1]>set[j]){ //将较大数后移
                        temp=set[j-1];
                        set[j-1]=set[j];            实现交换处理，将大数放在后面
                        set[j]=temp;
                    }
                }
            }
        }
        template<class MM>
        MM Array<MM>::sum(){               实现数组求和方法 sum()
            MM s=0;                                 //模板实例 s
            int i;                                  //定义变量 i
            for(i=0;i<n;i++){
                s+=set[i];                          //计算数组成员的和
            }
            return s;
        }
        template<class MM>
        void Array<MM>::show(){            实现显示方法 show()，显示
            int i;                         数组内的原始数据
            for(i=0;i<n;i++){                       //遍历数组中的元素
                cout<<set[i]<<" ";                  //输出每一个元素
            }
            cout<<endl;
        }
        int main(){
            cout << "两名运动员的成绩" << endl;
            cout << "------------------------------------------" << endl;
            int x[10]={70,9,25,33,83,29,60,58,87,84}; //定义数组 x 并初始化 10 个值
            float y[5]={77.4,82.5,88.3,95.7,80.5};     //定义数组 y 并初始化 5 个值
            Array<int> array1(x,10);                   //整型
            Array<float> array2(y,5);                  //浮点型
            cout<<"男运动员 A 的成绩: "<<endl;
```

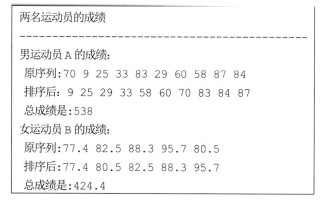

```
cout<<" 原序列:"; array1.show();
array1.sort();                      //排序处理
cout<<" 排序后: ";
array1.show();
array1.sum();
cout<<" 总成绩是:"<<array1.sum()<<endl;
cout<<"女运动员 B 的成绩: "<<endl;
cout<<" 原序列:";
array2.show();
array2.sort();      //排序处理
cout<<" 排序后:"; array2.show();
array2.sum();
cout<<"总成绩是:"<<array2.sum()<<endl;
return 0;
}
```

执行结果如下:

```
两名运动员的成绩
----------------------------------------
男运动员 A 的成绩:
 原序列:70 9 25 33 83 29 60 58 87 84
 排序后: 9 25 29 33 58 60 70 83 84 87
 总成绩是:538
女运动员 B 的成绩:
 原序列:77.4 82.5 88.3 95.7 80.5
 排序后:77.4 80.5 82.5 88.3 95.7
 总成绩是:424.4
```

## 10.2.3　声明、定义类模板

类模板是指为类创建的模板,定义了一个具有相同的代码实现,具有不同类型的类簇。类模板定义了一个通用的数据类型,并用来修饰属性成员、成员函数的参数和返回值等需要类型说明的位置。

类模板本身不是类,而只是某种编译器用来生成类代码的类的"配方"。在 C++程序中,声明类模板的语法格式如下:

**template**<**typename** 类型参数 1, **typename** 类型参数 2, …> **class** 类名{
　…

```
};
```

通过上述格式可知，类模板以 template 开头(也可以使用 class，目前来讲它们没有任何区别)，后跟类型参数；类型参数不能为空，多个类型参数之间要用逗号隔开。

类模板是一个类家族的抽象，它只是对类的描述，编译程序不为类模板(包括成员函数定义)创建程序代码，但是通过对类模板的实例化可以生成一个具体的类以及该具体类的对象。

通过上述格式声明类模板后，可以将类型参数用于类的成员函数和成员变量。也就是说，在原来使用 int、float、char 等内置类型的地方，都可以用类型参数来代替。假如现在要定义一个表示坐标的类，要求坐标的数据类型可以是整数、小数和字符串，例如：

  ◇   x = 10，y = 10。

  ◇   x = 12.88，y = 129.65。

  ◇   x = "东经 180 度"，y = "北纬 210 度"。

这时候就可以使用类模板，请看下面的代码：

```
template<typename T1, typename T2>      //这里不能有分号
class Point{
    public:
        Point(T1 x, T2 y): m_x(x), m_y(y){ }
    public:
        T1 getX() const;                //获取 x 坐标
        void setX(T1 x);                //设置 x 坐标
        T2 getY() const;                //获取 y 坐标
        void setY(T2 y);                //设置 y 坐标
    private:
        T1 m_x;                         //x 坐标
        T2 m_y;                         //y 坐标
};
```

在上述代码中，不确定坐标 x 和坐标 y 的数据类型，借助于类模板可以将数据类型参数化，这样就不必定义多个类了。需要注意，模板头和类头是一个整体，可以换行，但是中间不能有分号。

上面的代码仅仅实现了类的声明，接下来还需要在类外定义成员函数。在类外定义成员函数时仍然需要带上模板头，具体语法格式如下：

```
template<typename 类型参数1, typename 类型参数2, …>
    返回值类型 类名<类型参数1, 类型参数2, ...>::函数名(形参列表){
        //TODO:
    }
```

在上述语法格式中，第一行是模板头，第二行是函数头，它们可以合并到一行中。但是为了让代码格式更加清晰，一般是将它们分成两行。

## 10.2.4　使用类模板

在 C++程序中不能直接使用类模板，必须先实例化为相应的模板类，在定义该模板类的对象后才能使用。建立类模板后，可以用如下语法格式创建类模板。

<类名> <类型实参表> <对象表>;

其中参数说明如下。

◇　<类型实参表>应该与该类模板中的<类型形参表>匹配，<类型实参表>是模板类 (template class)。

◇　<对象表>：是定义该模板类的对象。

使用类模板可以说明和定义任何类型的类，这种类被称为参数化的类。在 C++程序中，模板类是类模板实例化后的一个产物。举一个形象点的例子，把类模板比作一个做饼干的模子，而模板类就是用这个模子做出来的饼干，至于这个饼干是什么味道的就要看你自己在实例化时用的是什么材料了，你可以做巧克力饼干，也可以做豆沙饼干，这些饼干除了材料不一样外，其他的东西都是一样的。例如在项目 10-2 中，演示了在 C++程序中使用类模板的过程。

> 练一练
>
> 10-3：使用类模板(源码路径： daima/10/shi.cpp)
>
> 10-4：查找数组中的某个元素(源码路径： daima/10/zhao.cpp)

## 10.2.5　类模板的派生

在 C++程序中，可以从类模板中派生出新类，既可以派生类模板，也可以派生非模板类。C++程序可以使用如下两种派生方法。

(1)　从类模板派生类模板：可以从类模板派生出新的类模板，派生格式如下例所示。

```
template <class T>
class base{
    ...
};
template <class T>
class derive:public base<T>{
    ...
};
```

与一般的类派生定义相似,只是在指出它的基类时要缀上模板参数,即 base<T>。

(2) 从类模板派生非模板类:在 C++程序中可以从类模板派生出非模板类,在派生中作为非模板类的基类,必须是类模板实例化后的模板类,并且在定义派生类前不需要模板声明语句 template<class>。例如下面的代码定义 derive 类时,base 已实例化成了 int 型的模板类。

```
template <class T>
class base{
    ...
};
class derive:public base<int>{
    ...
};
```

## 10.2.6  类模板和模板类的区别

在 C++程序中,类模板是结构相似但不同的类的抽象,是描述性的,具体形式如下:

```
template<typename T> class 类模板名;
```

模板类是类模板实例化出来的类,是具体的类。类模板只是一个抽象的描述,应用时在内存中不占空间,而模板类是一个具体的对象实例。类模板强调的是模板,例如下面代码中的 A 就是一个模板。

```
template<typename T>
class A
{};
```

模板类强调的是类,例如下面代码中的 A<int>就是一个模板类,是一个类模板的实例。

```
class A<int>
```

> 🔍 练一练
>
> 10-5: 复数加法运算器(📁源码路径: daima/10/fu.cpp)
> 10-6: 输出显示某学生的编号(📁源码路径: daima/10/shubian.cpp)

## 10.2.7  默认模板参数

所谓默认模板参数,是指在定义类模板时设置类型形式参数表中的一个类型参数的默认值,该默认值是一个数据类型。有了默认的数据类型参数后,在定义模板的新类型时就可以不进行指定。请看下面的演示代码：

```cpp
#include "stdafx.h"
#include <iostream>
using namespace std;
template <class T1,class T2 = int>
class Template01{
    T1 t1;
    T2 t2;
    public:
        Template01(T1 tt1,T2 tt2) {
            t1=tt1;t2=tt2;
        }
        void display(){
            cout<< t1 << ' ' << t2 << endl;
        }
};
int main(){
    int a=123;
    double b=3.1415;
    Template01<int,double> mt1(a,b);
    Template01<int> mt2(a,b);
    mt1.display();
    mt2.display();
}
```

上述代码在定义类模板时设置 T2 的默认类型是 int。

## 10.3　STL 标准模板库：成绩排序系统

扫码看视频

## 10.3.1　背景介绍

期末考试结束，教师们开始了繁忙而又紧张的阅卷工作，阅卷结束还需要对各个班级的学生成绩进行排名。为了帮助各科教师提高办公效率，可以考虑用 C++开发一个学生成绩录入系统，录入成绩后可以按照成绩高低进行排序。

## 10.3.2　具体实现

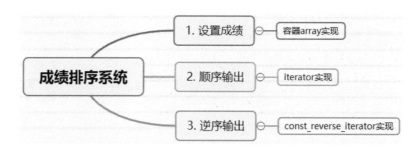

项目 10-3　成绩排序系统(🔧源码路径：daima/10/cheng.cpp)

本项目的实现文件为 cheng.cpp，具体代码如下所示。

```cpp
#include <string>
#include <iostream>
#include <algorithm>
#include <array>
#include <iterator>
int main()                    在 array 中保存学生的成绩
{
    std::array<int, 5> a1{ {68, 78, 88, 99, 100} };
    //iterator   迭代器
    std::cout << "顺序输出: ";
    for(std::array<int, 5>::iterator it = a1.begin(); it != a1.end(); it++)
    {                                 使用 iterator 顺序输出在 array 中保存数据
        std::cout << *it << " ";
    }
    std::cout << "\n";
                                    使用 const_reverse_iterator 逆序输出在 array 中保存数据，
                                    const_reverse_iterator 是只读迭代器，前缀 const 表示只读
    std::cout << "逆序输出: ";
    for(std::array<int, 5>::const_reverse_iterator it = a1.rbegin();
        it != a1.rend(); it++)
```

```
    {
        std::cout << *it << " ";
    }
    std::cout << "\n";
}
```

执行结果如下：

```
顺序输出: 68 78 88 99 100
逆序输出: 100 99 88 78 68
```

## 10.3.3  STL 中的容器

STL 是 Standard Template Library 的缩写，中文译为"标准模板库"。STL 是 C++标准库的一部分，不用单独安装。STL 是一套功能强大的 C++模板类，提供了通用的模板类和函数，这些模板类和函数可以实现多种流行和常用的算法和数据结构，例如向量、链表、队列和栈。

容器是一些模板类的集合，但和普通模板类不同，在容器中封装的是组织数据的方法(也就是数据结构)。STL 提供了 3 类标准容器，分别是序列容器、排序容器和哈希容器，其中后两类容器有时也统称为关联容器。它们各自的含义如表 10-1 所示。

表 10-1  STL 容器种类和功能

| 容器种类 | 功　　能 |
| --- | --- |
| 序列容器 | 主要包括 vector 向量容器、list 列表容器以及 deque 双端队列容器 |
| 排序容器 | 包括 set 集合容器、multiset 多重集合容器、map 映射容器以及 multimap 多重映射容器。排序容器中的元素默认是由小到大排好序的，即便是插入元素，元素也会插入到适当位置。所以关联容器在查找时具有非常好的性能 |
| 哈希容器 | 和排序容器不同，哈希容器中的元素是未排序的，元素的位置由哈希函数确定 |

## 10.3.4  序列容器

之所以被称为序列容器，是因为元素在容器中的位置同元素的值无关，即容器不是排序的。将元素插入到容器时，指定在什么位置，元素就会位于什么位置。序列容器只是一类容器的统称，并不指具体的某个容器，序列容器大致包含以下几类容器。

1．array<T,N>(数组容器)

array<T,N>(数组容器)表示可以存储 N 个 T 类型的元素，是 C++本身提供的一种容器。此类容器一旦建立，其长度就是固定不变的，这意味着不能增加或删除元素，只能改变某个元素的值。在表 10-2 中列出了 array 容器中的常用成员函数。

表 10-2　array 容器中的常用成员函数

| 成员函数 | 函数功能 |
|---|---|
| begin() | 返回指向容器中第一个元素的随机访问迭代器 |
| end() | 返回指向容器最后一个元素之后一个位置的随机访问迭代器，通常和 begin() 结合使用 |
| rbegin() | 返回指向最后一个元素的随机访问迭代器 |
| rend() | 返回指向第一个元素之前一个位置的随机访问迭代器 |
| cbegin() | 和 begin() 功能相同，只不过在其基础上增加了const 属性，不能用于修改元素 |
| cend() | 和 end() 功能相同，只不过在其基础上增加了const 属性，不能用于修改元素 |
| crbegin() | 和 rbegin() 功能相同，只不过在其基础上增加了const 属性，不能用于修改元素 |
| crend() | 和 rend() 功能相同，只不过在其基础上增加了const 属性，不能用于修改元素 |
| size() | 返回容器中当前元素的数量，其值始终等于初始化 array 类的第二个模板参数 N |
| max_size() | 返回容器可容纳元素的最大数量，其值始终等于初始化 array 类的第二个模板参数 N |
| empty() | 判断容器是否为空，和通过 size()==0 的判断条件功能相同，但其效率可能更快 |

2．vector<T>(向量容器)

vector<T>(向量容器)用来存放 T 类型的元素，是一个长度可变的序列容器，即在存储空间不足时，会自动申请更多的内存。使用此容器，在尾部增加或删除元素的效率最高(时间复杂度为 O(1) 常数阶)，在其他位置插入或删除元素效率较差(时间复杂度为 O(n) 线性阶，其中 n 为容器中元素的个数)。在表 10-3 中列出了 vector 容器中的常用成员函数。

表 10-3　vector 容器中的常用成员函数

| 成员函数 | 函数功能 |
|---|---|
| begin() | 返回指向容器中第一个元素的迭代器 |
| end() | 返回指向容器最后一个元素所在位置后一个位置的迭代器，通常和 begin() 结合使用 |
| rbegin() | 返回指向最后一个元素的迭代器 |
| rend() | 返回指向第一个元素所在位置前一个位置的迭代器 |
| cbegin() | 和 begin() 功能相同，只不过在其基础上增加了 const 属性，不能用于修改元素 |

续表

| 成员函数 | 函数功能 |
| --- | --- |
| cend() | 和 end() 功能相同，只不过在其基础上增加了 const 属性，不能用于修改元素 |
| crbegin() | 和 rbegin() 功能相同，只不过在其基础上增加了 const 属性，不能用于修改元素 |
| crend() | 和 rend() 功能相同，只不过在其基础上增加了 const 属性，不能用于修改元素 |
| size() | 返回实际元素个数 |
| max_size() | 返回元素个数的最大值。这通常是一个很大的值，一般是 $2^{32}-1$，我们很少会用到这个函数 |
| resize() | 改变实际元素的个数 |
| capacity() | 返回当前容量 |
| empty() | 判断容器中是否有元素，若无元素，则返回 true；反之，返回 false |

### 3．deque<T>(双端队列容器)

该容器和 vector 容器类似，区别在于使用该容器不仅尾部插入和删除元素高效，在头部插入或删除元素也同样高效，时间复杂度都是 O(1) 常数阶，但是在容器中某一位置处插入或删除元素，时间复杂度为 O(n)线性阶。在表 10-4 中列出了 deque 容器中的常用成员函数。

表 10-4　deque 容器中的常用成员函数

| 成员函数 | 函数功能 |
| --- | --- |
| begin() | 返回指向容器中第一个元素的迭代器 |
| end() | 返回指向容器最后一个元素所在位置后一个位置的迭代器，通常和 begin() 结合使用 |
| rbegin() | 返回指向最后一个元素的迭代器 |
| rend() | 返回指向第一个元素所在位置前一个位置的迭代器 |
| cbegin() | 和 begin() 功能相同，只不过在其基础上增加了 const 属性，不能用于修改元素 |
| cend() | 和 end() 功能相同，只不过在其基础上增加了 const 属性，不能用于修改元素 |
| crbegin() | 和 rbegin() 功能相同，只不过在其基础上增加了 const 属性，不能用于修改元素 |
| crend() | 和 rend() 功能相同，只不过在其基础上增加了 const 属性，不能用于修改元素 |
| size() | 返回实际元素个数 |
| max_size() | 返回容器所能容纳元素个数的最大值。这通常是一个很大的值，一般是 $2^{32}-1$，我们很少会用到这个函数 |
| resize() | 改变实际元素的个数 |
| empty() | 判断容器中是否有元素，若无元素，则返回 true；反之，返回 false |

续表

| 成员函数 | 函数功能 |
|---|---|
| shrink_to_fit() | 将内存减少到等于当前元素实际所使用的大小 |
| at() | 使用经过边界检查的索引访问元素 |
| front() | 返回第一个元素的引用 |
| back() | 返回最后一个元素的引用 |
| assign() | 用新元素替换原有内容 |
| push_back() | 在序列的尾部添加一个元素 |
| push_front() | 在序列的头部添加一个元素 |
| pop_back() | 移除容器尾部的元素 |
| pop_front() | 移除容器头部的元素 |
| insert() | 在指定的位置插入一个或多个元素 |
| erase() | 移除一个元素或一段元素 |
| clear() | 移出所有的元素，容器大小变为 0 |
| swap() | 交换两个容器的所有元素 |
| emplace() | 在指定的位置直接生成一个元素 |

4．list<T>(链表容器)

该容器是一个长度可变的、由 T 类型元素组成的序列，它以双向链表的形式组织元素，在这个序列的任何地方都可以高效地增加或删除元素(时间复杂度都为常数阶 O(1))，但访问容器中任意元素的速度要比前三种容器慢，这是因为 list<T> 必须从第一个元素或最后一个元素开始访问，需要沿着链表移动，直到到达想要的元素。在表 10-5 中列出了 list 容器中的常用成员函数。

表 10-5 list 容器中的常用成员函数

| 成员函数 | 函数功能 |
|---|---|
| begin() | 返回指向容器中第一个元素的双向迭代器 |
| end() | 返回指向容器中最后一个元素所在位置后一个位置的双向迭代器 |
| rbegin() | 返回指向最后一个元素的反向双向迭代器 |
| rend() | 返回指向第一个元素所在位置前一个位置的反向双向迭代器 |
| cend() | 和 end() 功能相同，只不过在其基础上增加了 const 属性，不能用于修改元素 |

| 成员函数 | 函数功能 |
|---|---|
| cbegin() | 和 begin() 功能相同，只不过在其基础上增加了 const 属性，不能用于修改元素 |
| crbegin() | 和 rbegin() 功能相同，只不过在其基础上增加了 const 属性，不能用于修改元素 |
| crend() | 和 rend() 功能相同，只不过在其基础上增加了 const 属性，不能用于修改元素 |
| empty() | 判断容器中是否有元素，若无元素，则返回 true；反之，返回 false |
| size() | 返回当前容器实际包含的元素个数 |
| max_size() | 返回容器所能包含元素个数的最大值。这通常是一个很大的值，一般是 $2^{32}-1$，我们很少会用到这个函数 |
| front() | 返回第一个元素的引用 |
| back() | 返回最后一个元素的引用 |
| assign() | 用新元素替换容器中原有内容 |

## 5. forward_list<T>(正向链表容器)

该容器和 list 容器类似，只不过它以单链表的形式组织元素，它内部的元素只能从第一个元素开始访问，是一类比链表容器快、更节省内存的容器。在表 10-6 中列出了 forward_list 容器中的常用成员函数。

表 10-6　forward_list 容器中的常用成员函数

| 成员函数 | 函数功能 |
|---|---|
| before_begin() | 返回一个前向迭代器，其指向容器中第一个元素之前的位置 |
| begin() | 返回一个前向迭代器，其指向容器中第一个元素的位置 |
| end() | 返回一个前向迭代器，其指向容器中最后一个元素之后的位置 |
| cbefore_begin() | 和 before_begin()功能相同，只不过在其基础上增加了 const 属性，不能用于修改元素 |
| cbegin() | 和 begin()功能相同，只不过在其基础上增加了 const 属性，不能用于修改元素 |
| cend() | 和 end()功能相同，只不过在其基础上增加了 const 属性，不能用于修改元素 |
| empty() | 判断容器中是否有元素，若无元素，则返回 true；反之，返回 false |
| max_size() | 返回容器所能包含元素个数的最大值。这通常是一个很大的值，一般是 $2^{32}-1$，我们很少会用到这个函数 |

续表

| 成员函数 | 函数功能 |
|---|---|
| front() | 返回第一个元素的引用 |
| assign() | 用新元素替换容器中原有内容 |
| push_front() | 在容器头部插入一个元素 |

练一练

10-7: 遍历 vector 容器中的元素(源码路径: daima/10/TreeStruct.cpp)

10-8: 遍历 array 容器中的元素(源码路径: daima/10/CPath.cpp)

# 第 11 章

## 异 常 处 理

在编写程序的过程中经常会出现这样或那样的问题，这就是异常。异常处理是任何一门编程语言所必须面临的问题，它关系到整个项目程序是否合理。异常处理是一种处理特殊状况的机制，例如除数为 0、数组越界、类型不兼容等异常问题都属于异常。本章将详细介绍 C++语言中异常处理的知识。

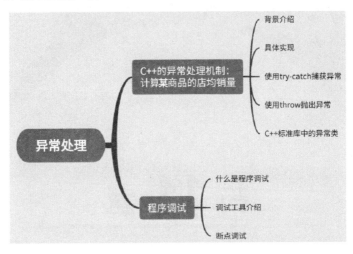

# 11.1 C++的异常处理机制：计算某商品的店均销量

扫码看视频

## 11.1.1　背景介绍

某新兴品牌经过一年的市场开拓，在国内外建立了多个分店，过去一年的销量也逐月递增。春节临近，公司总部召开年会，将公布已经营业的分店数量和所有商品的销量。请编写一个 C++程序，根据分店数量和某商品总销量，计算平均每店的销量。

## 11.1.2　具体实现

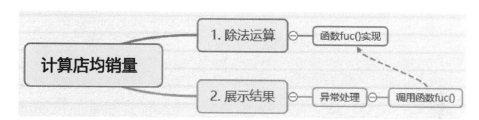

**项目 11-1** 计算某商品的店均销量( 源码路径：daima/11/fen.cpp)

本项目的实现文件为 fen.cpp，具体代码如下所示。

```cpp
#include<iostream>
using namespace std;
double fuc(double x, double y) {        //定义函数 fun()计算平均销量
    if(y==0) {                          //如果除数为 0 则抛出异常
        throw y;
    }
    return x/y;     //否则返回两个数的商
}
int main(){
    double res;
    try {           //定义异常
        res=fuc(60000,12);             //调用函数 fun()计算平均销量
        cout<<"商品 A 的店均销量为: "<<res<<endl;
        res=fuc(4,0);                  //出现异常
    }
    catch(double) {            //如果有异常则捕获并处理异常，打印下面的提示信息
        cerr<<"注意，分店数不能为 0！\n";
        exit(1);               //异常退出程序
    }
    return 0;
}
```

执行结果如下：

> 商品 A 的店均销量为：5000
> 注意，分店数不能为 0！

## 11.1.3 使用 try-catch 捕获异常

在 C++程序中，可以使用 try-catch 语句来捕获异常，具体语法格式如下：

```
try{
    …              //可能抛出异常的语句
}catch(exceptionType variable){
    …              //处理异常的语句
}
```

在上述格式中，try 和 catch 都是 C++中的关键字，不能省略大括号 "{}"。在 try 语句块中包含可能会抛出异常的语句，一旦有异常抛出就会被后面的 catch 语句块捕获。try 只是 "检测" 自己的语句块是否有异常。catch 是 "捕获" 的意思，用来捕获并处理 try 检测到的异常。如果 try 语句块没有检测到异常(没有异常抛出)，那么就不会执行 catch 语句块中的语句。

> 练一练
> 11-1: 出租车计费系统(源码路径：daima/11/chu.cpp)
> 11-2: 使用多级 catch 处理异常(源码路径：daima/11/duo.cpp)

## 11.1.4 使用 throw 抛出异常

如果在 try-catch 语句中检测到异常，则使用 throw 抛出这个异常。使用 throw 语句的语法格式如下：

**throw** 表达式;

在上述格式中，如果在 try 语句块的程序段中(包括在其中调用的函数)发现了异常，且抛出该异常。throw 抛出的是一个异常对象，抛出的异常对象由 throw 后面的实际对象所决定。"表达式" 可以是 int、float、bool 等基本数据类型，也可以是指针、数组、字符串、结构体、类等聚合类型。

例如下面的代码，ExceptionClass 是一个类，它的构造方法以一个字符串作为参数，用来说明异常。也就是说，在使用 throw 抛出时，C++的编译器先构造一个 ExceptionClass 的对象，让它作为 throw 的返回值——抛出去。

```
throw ExceptionClass("oh, it's a exception!");
```

📖 练一练

11-3：利用三角形的三边计算面积(📌源码路径：daima/11/yc4.cpp)

11-4：计算一个一元二次方程的根(📌源码路径：daima/11/math.cpp)

## 11.1.5　C++标准库中的异常类

在 C++标准库中提供了一组标准异常类，这些类的基类是 exception，标准程序库抛出的所有异常都派生于基类 exception。我们可以通过下面的语句来捕获所有的标准异常：

```
try{
    …                    //可能抛出异常的语句
}catch(exception &e){
    …                    //处理异常的语句
}
```

在基类 exception 中提供了一个成员函数 what()，用于返回错误信息(返回类型为 const char*)。正如 what()函数的名字"what"一样，它只是可以粗略地告诉我们这是什么异常。类 exception 的直接派生类信息如表 11-1 所示。

表 11-1　类 exception 的直接派生类信息

| 异常名称 | 说　明 |
| --- | --- |
| logic_error | 逻辑错误 |
| runtime_error | 运行时错误 |
| bad_alloc | 使用 new 或 new[ ] 分配内存失败时抛出的异常 |
| bad_typeid | 使用 typeid 操作一个 NULL 指针，而且该指针是带有虚方法的类，这时抛出 bad_typeid 异常 |
| bad_cast | 使用 dynamic_cast 转换失败时抛出的异常 |
| ios_base::failure | 在 io 过程中出现的异常 |

## 11.2　程序调试

作为一个程序员，在工作和学习中都会编写大量的程序项目，所以在

扫码看视频

编写程序过程中不可避免地出现错误。出现错误后，需要想办法去解决，具体的解决方法就涉及程序错误调试相关的问题。

## 11.2.1 什么是程序调试

程序调试是程序编写完毕，用手工或编译程序等方法进行测试，修正语法错误和逻辑错误的过程，是保证程序正确性的必不可少的步骤。开发者编写的计算机程序，必须经过程序调试的检验，根据测试时所发现的错误进一步诊断，找出出错的原因和具体的位置进行修正。

## 11.2.2 调试工具介绍

在现实应用中，开发工具可以帮助开发者提高程序调试的效率，例如主流开发工具 Visual Studio 和 VC++6.0 都提供了强大的程序调试功能。下面介绍使用 Visual Studio 调试 C++程序的知识。

假设存在如下的代码，很明显发生了数组的下标越界问题。

```cpp
#include <iostream>
#include <string>
using namespace std;
int main() {
    string str = "http://www.biancheng.net";
    char ch1 = str[100];          //下标越界，ch1 为垃圾值
    cout << ch1 << endl;
    char ch2 = str.at(100);   //下标越界，抛出异常
    cout << ch2 << endl;
    return 0;
}
```

如果在 Visual Studio 中运行上述代码，会在 Visual Studio 的调试界面中显示如图 11-1 所示的提示信息。

由 Visual Studio 调试界面中提供的信息可知，当前程序发生了错误，并且错误原因是 string subscript out of range(发生了越界问题)，这样开发者可以在第一时间内知道程序出错的原因，提高了开发效率。

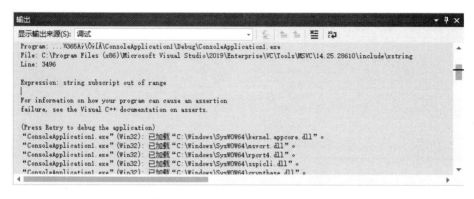

图 11-1　Visual Studio 的调试界面

## 11.2.3　断点调试

在计算机程序开发应用中，通常会设置一个位置点，告诉调试器当程序运行到这个点时需要中断或暂停程序的执行，这个点就是断点。当中断发生时，程序和调试器被称为处于中断模式。

1．设置断点

Visual Studio 调试器提供了许多设置断点的方法，下面介绍两种设置断点的方法。

❖　在快捷菜单上设置断点：在 C++程序的源代码窗口中，右键单击要设置断点的可执行代码行，在弹出的快捷菜单上依次选择"断点"和"插入断点"。如图 11-2 所示。

图 11-2　依次选择"断点"和"插入断点"

❖ 在"调试"菜单上设置断点：在 C++程序的源代码窗口中单击要设置断点的可执行代码，然后在"调试"菜单上选择"切换断点"，如图 11-3 所示。

图 11-3 选择"切换断点"

请看图 11-4 所示的演示代码，按照上述两种方法为其第 7 行代码设置断点后的效果，在此行代码的前面有一个红色实心圆点。

图 11-4 设置断点后的效果

2. 设置函数断点

❖ 可以在函数的开头或函数中的指定位置设置断点，单击程序中函数的名称，然后依次选择菜单栏中的"调试"、"新建断点"和"函数断点"，如图 11-5 所示。

图 11-5　依次选择"调试"、"新建断点"和"函数断点"

❖　弹出一个"新建函数断点"对话框，如果在"函数"文本框没有显示要设置断点的函数的名称，需要在"函数"框中输入函数名称，并确保"语言"下拉列表显示该函数的正确编程语言，如图 11-6 所示。如果是重载函数，可以指定参数以正确设置断点。

图 11-6　"新建函数断点"对话框

### 3. 使用数据断点

数据断点只能在调试状态下添加，依次选择菜单中的"调试"、"新建断点"和"新建数据断点"，在弹出的"新建断点"对话框中可以设置数据断点，如图 11-7 所示。在"地址"文本框中输入内存地址或计算结果为内存地址或表达式。例如，输入&avar 表示将在变量 avar 的内容更改时中断。在"字节计数"文本框中输入希望调试器监视的字节数，例如输入 4，调试器将监视从&myFunction 开始的 4 个字节，如果这些字节中的任何一个值发生改变，调试器将中断这些字节。

图 11-7　"新建断点"对话框

# 第 **12** 章

## 文件操作处理

在 C++语言的标准库(Standard Library)中提供了 I/O 流标准类库，开发者可以使用这些类库来实现输入、输出以及文件操作等相关功能。本书前面的内容中已经简单讲解并频繁使用过输入和输出的功能，本章将进一步讲解使用 I/O 流实现文件操作和格式化输入、输出的知识。

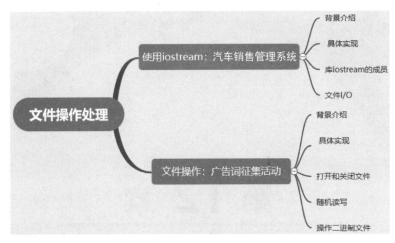

# 12.1　使用 iostream：汽车销售管理系统

扫码看视频

## 12.1.1　背景介绍

金九银十消费旺季即将到临，某市车展人山人海，××品牌 4S 店正在从厂家大量进货，争取提前完成年度销售任务。为了工作方便，销售经理将销售数据保存到文件中。请尝试用 C++程序实现文件的写入和读取操作，帮助销售经理将新车进货数据写入文件"新车数据.txt"中，并且可以查看文件中的内容。

## 12.1.2　具体实现

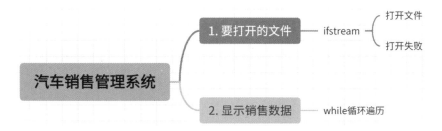

项目 12-1　汽车销售管理系统(源码路径：daima/12/sale.cpp)

本项目的实现文件为 sale.cpp，具体代码如下所示。

```cpp
#include<iostream>
#include <fstream>
#include <iostream>
#include <string>
using namespace std;
int main(){
    char ch;
    string ifile;
    cout << "输入要操作的文件: ";          // 输入要打开的文件名
    cin >> ifile;                        //输入文件名
    ifstream infile(ifile.c_str() );  //构造一个 ifstream 输入文件对象
    if(! infile) {
        cerr << "error: 不能打开文件:";     // 如果打开错误则输出提示
            return -1;
    }
    string ofile = ifile + ".bak";     //输出文件的名字
    ofstream outfile(ofile.c_str());  //构造一个 ofstream 输出文件对象
    if(!outfile)                        //打开错误
    {
        cerr << "error: 不能打开文件: ";
            return -2;
    }
    while(infile.get(ch))
    {                                    // 打开文件并输出显示里面的销售数据
        outfile.put(ch);
        cout<<ch;
```

```
    }
    return 0;
}
```

在上述代码中，能够根据用户输入的文件名，对这个文件进行读取操作，并创建一个同样内容的备份文件。编译执行后将首先提示输入一个文件名，输入存在的文件路径，按Enter 键后，将会显示此文件的内容。执行结果如下：

> "e:\销售数据.txt"是用户输入的

```
输入要操作的文件：e:\销售数据.txt
双十一一天，本 4S 店商品劲销 1000 万元!
```

## 12.1.3 库 iostream 的成员

C++程序提供了实现输入和输出功能的库 iostream，这是一个内置的标准类库，以类的形式存在。在使用库 iostream 中的类之前，需要先通过如下代码引用命名空间 std：

```
using namespace std;
```

在库 iostream 中提供了实现输入和输出功能的成员，并且也支持文本文件的输入和输出功能。在库 iostream 中主要包含如下成员类：

- ◇ ios：抽象基类，在文件 iostream 中声明。
- ◇ istream：通用输入流和其他输入流的基类，在文件 iostream 中声明。
- ◇ ostream：通用输出流和其他输出流的基类，在文件 iostream 中声明。
- ◇ iostream：通用输入输出流和其他输入输出流的基类，在文件 iostream 中声明。
- ◇ ifstream：输入文件流类，在文件 fstream 中声明。
- ◇ ofstream：输出文件流类，在文件 fstream 中声明。
- ◇ fstream：输入输出文件流类，在文件 fstream 中声明。
- ◇ istrstream：输入字符串流类，在文件 strstream 中声明。
- ◇ ostrstream：输出字符串流类，在文件 strstream 中声明。
- ◇ strstream：输入输出字符串流类，在文件 strstream 中声明。

> 📖 练一练
>
> 12-1：输入一个学习 C++的网址(🔧源码路径：daima/12/SeekFileDemo.cpp)
> 12-2：输出显示指定变量的值(🔧源码路径：daima/12/bian.cpp)

## 12.1.4　文件 I/O

在 C++程序中，因为库 iostream 不但支持对象的输入和输出，而且也支持文件流的输入和输出，所以在讲解左移与右移运算符重载之前，有必要先对文件的输入输出以及输入输出的控制符有所了解。

在库 iostream 的头文件 fstream.h 中，主要定义了和文件操作有关的输入输出类，其中最主要的输入、输出类有三个，分别是类 ifstream、类 ofstream、类 fstream，这三个类的具体说明如下：

◇ 　类 ifstream：从 istream 流中派生而来，此类作为程序的输入流，将一个指定的文件绑定到程序。

◇ 　类 ofstream：从 ostream 流中派生而来，此类作为程序的输出流，将一个指定的文件绑定到程序。

◇ 　类 fstream：从 iostream 流中派生而来，此类将一个指定的文件绑定到程序，既可作为程序的输入流，也可作为程序的输出流。

📖🔍 练一练

12-3：打开一个指定的记事本文件(📌源码路径：daima/12/OperateFile.cpp)

12-4：打开、关闭一个文件(📌源码路径：daima/12/CheckFileDemo.cpp)

## 12.2　文件操作：广告词征集活动

扫码看视频

## 12.2.1 背景介绍

202×年 5 月 21 日，某一线汽车品牌发布 10 万元广告词征集活动公告：公司永续创新、聚力前行！为了加强品牌与消费者的互动，体现品牌的核心价值，重金向社会广泛征集广告语，翘首企盼各路英才参与！假设活动负责人 A 负责收集广告词，请尝试用 C++程序将收集的广告词写入指定文件中，然后打印输出文件中的内容，帮助 A 快速掌握活动信息。

## 12.2.2 具体实现

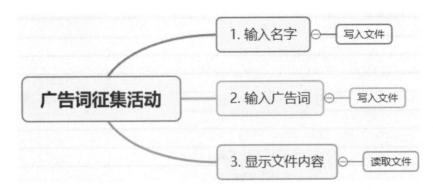

项目 12-2 广告词征集活动( 源码路径： daima/12/write.cpp)

本项目的实现文件为 write.cpp，具体代码如下所示。

```cpp
#include <fstream>
#include <iostream>
using namespace std;
int main (){
    char data[100];
    ofstream outfile;
    outfile.open("afile.dat");          // 打开要操作的文件名
    cout << "请输入您的名字: ";
    cin.getline(data, 100);             // 提示用户输入名字，然后将输入的名字写入文件
    outfile << data << endl;
    cout << "请输入您的广告词: ";
    cin >> data;                        // 提示用户输入广告词，然后将输入的广告词写入文件
    outfile << data << endl;  // 向文件写入用户输入的数据
    outfile.close(); // 关闭打开的文件
    ifstream infile;
```

```
infile.open("afile.dat");   // 以读模式打开文件
cout << "下面是您的参赛信息: " << endl;
infile >> data;
cout << data << endl;        // 在屏幕上写入数据
infile >> data;
cout << data << endl;
infile.close();              // 关闭打开的文件
return 0;
}
```

> 读取文件中的内容
> 并显示出来

执行结果如下:

```
请输入您的名字: 管京
请输入您的广告词: 我爱汽车
下面是您的参赛信息:
管京
我爱汽车
```

## 12.2.3　打开和关闭文件

在 C++程序中,因为对文件的操作是通过 stream 的子类 fstream(file stream)实现的,所以如果需要用这种方式操作文件,就必须加入头文件 fstream.h。

### 1. 打开文件

在类 fstream 中,通过其成员函数 open()打开一个文件,此函数的原型如下:

**void** open(**const char**\* filename,**int** mode,**int** access);

各个参数的具体说明如下。

❖　filename: 要打开的文件名。

❖　mode: 打开文件的方式。

❖　access: 打开文件的属性。

打开文件的方式 mode 在类 ios(是所有流式 I/O 类的基类)中定义,其常用值如下。

❖　ios::app: 以追加的方式打开文件。

❖　ios::ate: 文件打开后定位到文件尾。

❖　ios::binary: 以二进制方式打开文件,默认文本方式。

❖　ios::in: 以输入方式打开文件。

❖　ios::out: 以输出方式打开文件。

    ◇    ios::nocreate：不建立文件，文件不存在时打开失败。

    ◇    ios::noreplace：不覆盖文件，如果文件存在则打开失败。

    ◇    ios::trunc：    如果文件存在，把文件长度设为 0。

可以用"或"把以上属性连接起来，例如：

```
ios::out|ios::binary
```

▍注意 ▍

    现在 C++标准库不支持 nocreate 和 noreplace，以前的旧版本可以用。

打开文件属性的具体取值如下。

    ◇    0：普通文件，打开访问。

    ◇    1：只读文件。

    ◇    2：隐含文件。

    ◇    4：系统文件。

可以用"或"或者"+"把以上属性连接起来，例如 3 或 1|2 就是以只读和隐含属性打开文件。以二进制输入方式打开文件 c:\config.sys 的示例代码如下：

```
fstream file1;
file1.open("c:\config.sys",ios::binary|ios::in,0);
```

如果函数 open 只有文件名一个参数，则以读/写普通文件打开，代码如下：

```
file1.open("c:config.sys");
```

等价于下面的代码：

```
file1.open("c:config.sys",ios::in|ios::out,0);
```

另外，fstream 还有和 open()一样的构造方法，对于上例，在定义时就可以打开文件，代码如下：

```
fstream file1("c:config.sys");
```

特别提出的是，fstream 有两个子类：ifstream(input file stream)和 ofstream(outpu file stream)，ifstream 默认以输入方式打开文件，而 ofstream 默认以输出方式打开文件。代码如下：

```
ifstream file2("c:pdos.def");          //以输入方式打开文件
ofstream file3("c:x.123");             //以输出方式打开文件
```

在实际应用中，通常会根据不同的需要选择不同的类来定义：如果想以输入方式打开，就用 ifstream 来定义；如果想以输出方式打开，就用 ofstream 来定义；如果想以输入/输出方式来打开，就用 fstream 来定义。

### 2．关闭文件

打开的文件操作完成后一定要及时关闭，在 fstream 中提供了成员函数 close() 来完成关闭操作，例如通过下面的代码关闭和对象实例 file1 相关的文件。

```
file1.close();
```

## 12.2.4　随机读写

C++语言提供了对文件的随机读写功能，具体实现和顺序读写差不多。在顺序读写时，文件指针只能前进，不能后退。在随机方式下，读文件指针可以在文件中随意移动。在移动时，可以使用流文件的读写指针来实现。C++存在如下和随机读写操作相关的指针函数：

- ⋄ tellg()和 tellp()：这两个成员函数不用传入参数，只会返回 pos_type 类型的值(根据 ANSI-C++ 标准)，这是一个整数，代表当前 get 流指针的位置 (用 tellg) 或 put 流指针的位置(用 tellp)。
- ⋄ seekg()和 seekp()：分别用来改变流指针 get 和 put 的位置，这两个函数都被重载为两种不同的原型：

```
seekg (pos_type position);
seekp (pos_type position);
```

通过使用上述原型，流指针被改变为指向从文件开始计算的一个绝对位置。要求传入的参数类型与函数 tellg()和 tellp()的返回值类型相同。

```
seekg (off_type offset, seekdir direction);
seekp (off_type offset, seekdir direction);
```

通过使用上述原型可以指定由参数 direction 决定的一个具体的指针开始计算的一个位移(offset)。它可以是下面的一种：

- ⋄ ios::beg：从流开始位置计算的位移。
- ⋄ ios::cur：从流指针当前位置开始计算的位移。
- ⋄ ios::end：从流末尾处开始计算的位移。

**实例12-1** 向文件中写入数据并读取里面的内容(　源码路径：daima/12/sui.cpp)

本实例的实现文件为 sui.cpp，具体代码如下所示。

```cpp
#include <fstream>
#include <iostream>
using namespace std;
int main(){
    int i,j; //定义变量i和j
    fstream file("123.txt",ios::in|ios::out|ios::app|ios::binary);
    if(!file) {
        cerr<<"不能打开!"<<endl;
        return 0;
    }
    for(i=1;i<=10;i++){
        j=(i-1)*2+1;                             //变量j赋值
        file.write((char*)&j,sizeof(int));
    }
    file.close();                               //关闭文件
    file.open("test.txt",ios::in|ios::binary);  //打开文件
    while(file.read((char*)&i,sizeof(int)))
        cout<<i<<" ";
    file.clear();                               //清除文件类对象的状态
    file.seekg(0);                              //定位到文件首部
    file.seekg((5-1)*sizeof(int));              //定位到第5个数据处
    file.read((char*)&i,sizeof(int));           //读第5个数据
    cout<<endl<<"the 5th number is :"<<i<<endl; //输出
    file.close();                               //关闭
    return 1;
}
```

定义输入输出文件流

判断流文件建立是否成功,如果建立失败则输出提示

如果建立失败则使用 for 循环向文件中写数据

读取文件,遍历输出文件中的全部数据

上述功能是向指定文件 123.txt 中写入 10 个奇数,然后再全部读出,最后显示文件中第 5 个数的值。上述实例代码的具体执行流程如下:

❖ 以二进制方式定义了一个输入输出文件,并以追加的方式打开。在此必须用二进制方式打开,否则将会出错。

❖ 使用函数 write 向文件 123.txt 中写入数据,在此数据需要显式转换为字符指针,并指定数据的大小。

❖ 再次以输入方式打开文件,输出所有的数据。

❖ 输出第 5 个数据值:首先将文件指针定位到文件首部,再向前定位到第 5 个数据处,即第 4 个的末尾,第 5 个的开始处。

执行结果如下:

```
the 5th number is :11
```

## 12.2.5　操作二进制文件

在二进制文件中，使用"<<"和">>"和函数(如 getline)实现操作符的输入数据和输出数据功能。文件流包括如下两个为顺序读写数据特殊设计的成员函数：

 ✧ 函数 write()：是 ostream 的一个成员函数，被 ofstream 所继承。
 ✧ 函数 read()：是 istream 的一个成员函数，被 ifstream 所继承。

类 fstream 的对象同时拥有上述这两个函数，这两个函数的原型是：

```
write (char * buffer, streamsize size);
read (char * buffer, streamsize size);
```

 ✧ buffer：是一块内存的地址，用来存储或读出数据。
 ✧ size：是一个整数值，表示要从缓存(buffer)中读出或写入的字符数。

**实例 12-2　对二进制文件进行读操作(源码路径：daima/12/er.cpp)**

在实例文件 er.cpp 中分别定义指针变量 buffer 和 long 类型变量 size，然后使用内置函数 read()读取指定二进制文件的内容。代码如下：

```cpp
#include <fstream>
#include <iostream>
using namespace std;

const char * filename = "123.txt";    //定义常量
int main () {
    char * buffer;              //指针变量buffer
    long size;                  //定义变量size
    ifstream file (filename, ios::in|ios::binary|ios::ate);   //打开指定的文件
    size = file.tellg();        //返回"内置指针"的当前位置
    file.seekg (0, ios::beg);   //设置输入文件流的文件流指针位置
    buffer = new char [size];   //创建缓存
    file.read(buffer, size);    //读取文件内容
    file.close();               //关闭流
    cout << "the complete file is in a buffer";
    delete[] buffer;            //删除缓存
    return 0;
}
```

执行结果如下：

```
the complete file is in a buffer
```

📠 练一练

12-5：读取二进制文件( 🔑 **源码路径**：daima/12/erjin.cpp)

12-6：向二进制文件中写入内容( 🔑 **源码路径**：daima/12/xie.cpp)

# 第 **13** 章

## 内 存 管 理

　　内存管理是在程序运行时对内存资源进行分配和使用的技术，其主要目的是对内存进行高效、快速地分配，并及时、有效地释放和回收。在计算机中，如果对内存使用不当，会带来很多问题，例如内存越界、内存泄露等。C++语言之所以长盛不衰，其在内存操作上的强大功能是一个不可忽视的因素。本章将详细讲解 C++语言内存管理的知识。

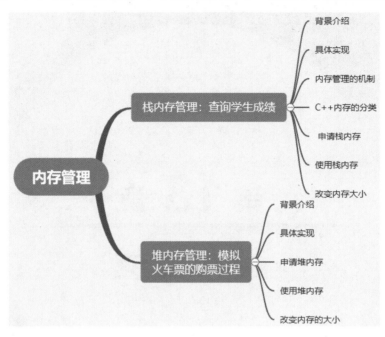

## 13.1　栈内存管理：查询学生成绩

扫码看视频

## 13.1.1　背景介绍

某高校为了提高教师的办公效率，决定上线运营 OA 软件系统，将学生的资料信息、成绩信息、考勤信息保存到 MySQL 数据库中，然后实现无纸化办公效果。在开发这款 OA 系统的过程中，学校安排 C++语言教师 A 开发 OA 系统中的学生成绩模块，能够查询某学生的所有考试信息，要求这名学生考试成绩的次数是可变的。

## 13.1.2　具体实现

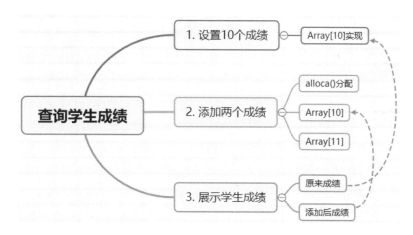

项目 13-1　查询学生成绩(📖源码路径：daima/13/exam.cpp)

本项目的实现文件为 exam.cpp，具体代码如下所示。

```
#include <fstream>
#include <iostream>
//内存管理的库函数头文件
#include <malloc.h>
using namespace std;

int main(){
    int Array[10]={100,99,88,79,68,58,48,98,78,77};
    int i;
    int j;
    int *p;
std::cout << "学生A的10次考试成绩分别是: " << "\n";
```

创建数组 Array，保存 10 个成绩。这相当于在栈上创建内存为 10 个 int 字节大小的内存存储单元

声明 3 个整型变量，这相当于在栈上创建对应的 int 字节大小的内存存储单元

```
for(i=0;i<10;i++) {
    std::cout << Array[i] << "\t";
}
```

> 遍历输出存储在栈上的数组中的 10 个元素

```
std::cout << "\n";
p = Array;    //指向 Array 数组在栈上的内存地址
p = (int *) alloca(sizeof(int) * 12);
```

> 修改所指向的 Array 数组在栈上的内存的大小

```
Array[10] = 99;
Array[11] = 100;
```

> 向数组中新增第 11、12 个元素

```
std::cout << "学生 A 的 12 次考试成绩分别是: " << "\n";
for(j=0;j<12;j++) {
    std::cout << Array[j] << "\t";
}
```

> 遍历输出存储在栈上的数组中的 12 个元素

```
    return 0;
}
```

执行结果如下:

| 学生 A 的 10 次考试成绩分别是: | | | | | | | | | |
|---|---|---|---|---|---|---|---|---|---|
| 100 | 99 | 88 | 79 | 68 | 58 | 48 | 98 | 78 | 77 |
| 学生 A 的 12 次考试成绩分别是: | | | | | | | | | | | |
| 100 | 99 | 88 | 79 | 68 | 58 | 48 | 98 | 78 | 77 | 99 | 11 |

## 13.1.3　内存管理的机制

有效的内存管理在程序设计中非常重要,不仅方便用户使用存储器、提高内存利用率,而且还可以通过虚拟技术从逻辑上扩充存储器。从操作系统的角度来说,内存就是一块数据存储区域,而且是可以被操作系统调动的资源。在当前的多进程操作系统(例如 Windows、Linux、macOS 等)中,会为每一个进程合理分配内存资源,提高系统中所有程序的运行效率。下面从两个角度来分析内存管理的机制。

### 1.　分配机制

操作系统会为每一个进程分配一个合理大小的内存,保证每一个进程能够正常运行,不至于内存不够使用或者某个进程占用太多的内存。

### 2.　回收机制

在系统内存不足时,需要有一个回收再分配内存资源的机制,以保证新的进程能够正常运行。而回收时就要消除那些占有内存的进程。操作系统需要提供一套合理的消除这些进程的机制，从而把副作用降到最低。

## 13.1.4　C++内存的分类

在 C++程序中，可以将内存分为堆、栈和静态存储区三大类，具体说明如下：

✧ 堆(heap)：在运行 C++程序时，系统会预留一块供动态分配用的"自由存储区"，这块存储区就是堆。堆需要显式进行分配，分配方法是调用 malloc()函数和 new 运算符，释放时则要调用对应的 free()函数和 delete 运算符。

✧ 栈(stack)：在 C++程序中，栈根据先入先出的顺序进出内存空间，常用来保存函数中的临时变量以及函数调用时的现场(指函数返回点，参数等信息)，函数执行结束时自动释放这些存储单元。栈不需要显式分配，申请和释放都由系统来维护。

✧ 静态存储区：在 C++程序中，静态存储区是指在编译时就确定下来的，用于保存全局变量、常量，以及 static 修饰的静态变量，这块内存在程序的整个运行期间都存在。这类变量在编译时就确定了所需内存空间的大小，由系统来管理和释放，不需要用户的干预。

▂ 注意 ▂

在上述三大类内存中，堆内存由程序动态申请和释放，栈内存和静态存储区则由系统分配和释放。

## 13.1.5　申请栈内存

在 C++程序中，有两种实现栈内存管理的方法：一种是系统根据需要自动分配内存，程序不能控制，另一种是用堆来模拟栈的操作。下面通过两段代码来演示栈空间是如何分配的。

(1) 第 1 段：创建递归函数 fun()，代码如下：

```
int fun(int x){
    if x>0 then
        fun(x--);
        cout<<"x="<<x<<endl;
    return 0;
}
```

函数 fun()是递归函数，当从第 n 层进入第 n+1 层时就需要在栈上存储现场数据。当 x 为正数时就进入下一层递归，否则输出 x 的值，然后退到上一层。当每进入一层递归时，任何其他返回时要恢复的现场数据都将被保存在栈上，例如 x 的值，返回后继续执行的下一条指令的地址等。由于从内层递归返回外层后，原来 x 的值还要使用，所以进入内层递归时，x 的值必须保存在栈上。当返回时，再依次从栈中取出

(2) 第 2 段：将临时变量保存在栈中，代码如下：

```
int main (){
    int a;                        函数 main()声明了 4 个临时变量,各个变量在编译
    float b;                      时自动从栈上获得存储空间
    double c;
    char s[10];
    ...
}
void func(int x, int y){
    ...
}
```

各语句的意义如下：

◇ int a：表示系统在栈上为整型变量 a 申请了 int 字节大小的内存存储单元。

◇ float b：表示系统在栈上为浮点型变量 b 申请了 float 字节大小的内存存储单元。

◇ double c：表示系统在栈上为双精度型变量 c 申请了 double 字节大小的内存存储单元。

◇ char s[10]：表示系统在栈上为字符型数组 s 申请了 10 个 char 字节大小的内存存储单元。

在函数 func 中的参数列表(int x, int y)，申请了两个形参变量。

◇ int x：表示系统在栈上为形参 x 申请了 int 字节大小的内存存储单元。

◇ int y：表示系统在栈上为形参 y 申请了 int 字节大小的内存存储单元。

## 13.1.6　使用栈内存

在 C++程序中，因为栈是由系统管理的，所以不会直观地感觉到在使用栈，除非程序自己来模拟一个栈。例如下面的代码，局部变量将自动从栈获得存储空间：

```
int main(){
    int a;                  //在栈上分配空间
    int b;                  //在栈上分配空间
    int c;                  //在栈上分配空间
    a = 25;                 //赋值
    b = 68;                 //赋值
    c = a + b;              //使用 a, b 对 c 赋值
    std::cout<< "the value of a + b is : " << c;  //使用 c
}
```

上述代码非常简单，一共定义了 3 个局部变量，都是从栈上获得内存空间，每个变量的名字与一个栈上空间相对应。由于栈由系统来管理，所以使用时程序没有特别需要注意的地方。因此在使用栈时，只需给出对应的变量名即可。

> 📖🔍 练一练
>
> 13-1：一个发生栈溢出程序(📌源码路径：daima/13/GlobleVarThread.cpp)
> 13-2：测试栈的内存(📌源码路径：daima/13/ce.cpp)

## 13.1.7　改变内存大小

在 C++程序中，可以用库函数 alloca()改变栈上分配的内存大小，其语法格式如下：

```
void *alloca(size_t size);
```

函数 alloca()的功能是，在调用它的函数的栈空间中分配一个 size 字节大小的空间。当调用函数 alloca()返回或退出时，alloca()在栈中分配的空间被自动释放。当函数 alloca()执行成功时，它将返回一个指向所分配的栈空间起始地址的指针。项目 13-1 演示了改变 C++内存大小的过程。

> 📖🔍 练一练
>
> 13-3：处理变长的函数参数列表（📌源码路径：daima/13/lie.cpp）
> 13-4：栈上的动态数组（📌源码路径：daima/13/zu.cpp）

## 13.2　堆内存管理：模拟火车票的购票过程

扫码看视频

## 13.2.1  背景介绍

在购买火车票时，首先需要确认出发地和目的地，然后确认购买数量，接下来售票系统会为购买者设置具体座位，通常包含车厢编号和座位编号。请编写一个 C++程序，先提示用户输入购买数量，按 Enter 键后打印输出对应的座位号。

## 13.2.2  具体实现

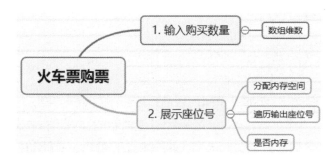

项目 13-2  模拟火车票的购票过程(📂源码路径：daima/13/dui.cpp)

本项目的实现文件为 dui.cpp，具体代码如下所示。

```cpp
#include <iostream>
#include <malloc.h>
using namespace std;            // 这里输入的购买数量表示数组的维数
int main(){
    int size;
    cout << "请输入你需要购买的火车票数量：";
    cin>>size;                  // 这里输入的购买数量赋值为 size，然
    int *p =0;                  // 后用关键字 new 在堆上申请 size 个 int
    if (size%2==0)              // 字节大小的内存单元，用 malloc 在堆
        p=new int[size];        // 上申请 size 个字节的空间。
    else
        p=(int*)malloc(size*sizeof(int));
    for(int i=0; i<size; i++){
        p[i] = i * 2;           // 以数组方式对每个内存存储单元进行初始化
    }
    for(int j=0; j < size; j++){
        cout<< "第" << j << "个座位号是：";
        cout<<  *p++;           // 用指针方式输出内存存储单元中的值
```

```
        cout<< "\n";
    }
    if (size%2==0)
        delete [] (p-size);
    else
        free(p-size);
    p=NULL;
    return 0;
}
```

释放用 new 创建的内存

释放用 malloc()创建的内存

编译执行本实例，输入数字 8 后的执行结果如下：

```
请输入你需要购买的火车票数量: 8
第 0 个座位号是: 0
第 1 个座位号是: 2
第 2 个座位号是: 4
第 3 个座位号是: 6
第 4 个座位号是: 8
第 5 个座位号是: 10
第 6 个座位号是: 12
第 7 个座位号是: 14
```

▌注意▐

本实例使用了释放内存功能，如果不使用此功能，由 new 和 malloc()申请的内存就没有得到释放。因此程序运行结束后，这些内存没有被系统收回，导致产生内存泄露，而且系统内可用的堆内存会越来越少。

## 13.2.3　申请堆内存

在计算机系统中，堆内存操作一般由使用者来实现，操作系统提供了操作堆内存的接口，而且编程语言(例如 C++)也提供了操作堆内存的方法。在 C++中有两种申请堆内存的方式，分别是分配函数 malloc()和分配运算符 new。本书前面曾经讲解过函数 malloc()的简单用法。下面将进一步讲解使用分配函数 malloc()和分配运算符 new 申请堆内存的知识。

### 1．使用函数 malloc()

在 C++程序中，使用函数 malloc()的语法格式如下：

```
void *malloc(int size);
```

函数 malloc()的功能是向系统申请 size 个字节的内存空间，返回值是 void 型指针。在实际使用时，必须强制转换为需要的类型。

**2．使用 new 运算符**

在 C++程序中，new 是一个运算符，可以在编译时分配内存空间，具体语法格式如下：

```
pointer=new type[n];
```

其中，pointer 是 type 型指针，type[n]表示要分配 n 个 type 型的内存空间。如果只分配一个 type 型内存空间，则不需要加"[n]"。例如下面的代码，演示了使用上述两种方法给指针 p1 和 p2 分配内存空间的过程。

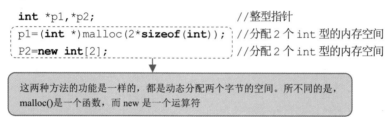

```
int *p1,*p2;                          //整型指针
p1=(int *)malloc(2*sizeof(int));      //分配 2 个 int 型的内存空间
P2=new int[2];                        //分配 2 个 int 型的内存空间
```

这两种方法的功能是一样的，都是动态分配两个字节的空间。所不同的是，malloc()是一个函数，而 new 是一个运算符

## 13.2.4  使用堆内存

在 C++程序中，堆实现了内存的动态申请，使用比较灵活。例如在项目 13-2 中，使用堆内存创建了一个动态数组。另外，由于操作系统不负责堆内存块的释放工作，所以必须由程序本身控制堆内存的释放工作。如果没有正常释放堆内存，将会引起内存泄露问题。与函数 malloc()相对应的函数释放为 free()，具体语法格式如下：

**void** free(**void** *pointer);

函数 free()能释放 pointer 指针所指向的内存，与 new 对应的释放函数如下：

**delete** [] pointer;

函数 free()能够释放指针 pointer 指向的一块内存，如果 pointer 不是数组，则不需要加"[]"。如果缺少堆内存的释放操作，使用堆内存的过程就不安全。项目 13-2 中，首先创建了一个动态数组，最后释放了创建的内存。

📖 练一练

13-5：分配指定大小的内存(📂源码路径：daima/13/MessageThread.cpp)

13-6：使用堆内存和栈内存(📂源码路径：daima/13/shidui.cpp)

## 13.2.5　改变内存的大小

在分配堆内存时可能会发生内存不够用的情况，这时就需要一种改变内存大小的机制。在 C++语言中，可以使用函数 realloc()实现内存的动态缩放功能，这样可以改变内存的大小。函数 realloc()的语法原型如下：

```
void *realloc(void *mem_address, unsigned int newsize);
```

函数 realloc()能够设置 mem_address 所指内存块的大小为 newsize。如果重新分配成功，则返回指向被分配内存的指针，否则返回空指针为 NULL。同函数 malloc()和关键字 new 一样，当不再使用某内存时，也应该使用函数 free()和 delete 将内存块释放。

◆ 注意 ◆

与函数 malloc()和 new 不同，函数 realloc()是在原有内存基础上修改了内存块的范围，既可以对原有内存进行扩大也可以进行缩小。但无论怎么修改，原有内存的内容不会改变。

如何在 C++程序中申请新的内存呢？具体来说有如下两种情形：

(1) 第一种情形：在 C++程序中，当新申请的内存块大于原有内存时，系统一般会作如下两种处理方式：

　◇　如果有足够空间用于扩大 mem_address 指向的内存块，则在原有内存后追加额外内存，并返回 mem_address，这样得到的是一块连续的内存。

　◇　如果原来的内存块后面没有足够的空闲空间用来分配，那么可以从堆中另外找一块 newsize 大小的内存，并把原来内存空间中的内容复制到新空间中。这样返回的内存地址已经不再是原来内存块的地址，因为数据被移动了。

(2) 第二种情形：在 C++程序中，当新申请的内存块小于原有内存时，系统会直接在原有内存上分配。

**实例 13-1**　内存的二次分配(📁源码路径：daima/13/er.cpp)

本实例的实现文件为 er.cpp，具体代码如下所示。

```cpp
#include <iostream>
#include <malloc.h>
using namespace std;
int main(){
    int *p;          第一次分配：在堆上分配 4 个 int 单位的内存空间
    int i;
    p = (int *)malloc(sizeof(int) *4);
```

```
for(int i=0;i<4;++i) {
    p[i] = i + 1;                            //初始化 p 的各个值
}
for(i=0;i<3;i++) {                           //如果 i 小于 3
    std::cout<< p[i] << "\t";                //循环输出 p 的值
}
std::cout<< "\n";                            //换行
```

第二次分配：修改内存的大小

```
p = (int *) realloc(p, sizeof(int) *8);
for(int j=4;j<8;++j) {
    p[j] = j + 1;                            //初始化 j 的各个值
}
for(i=0;i<8;i++) {                           //如果 j 小于 8
    std::cout<< p[i] << "\t";                //循环输出 p 的值
}
std::cout<< "\n";
free(p);                                     释放创建的内存
return 0;
}
```

在上述代码中，首先使用函数 malloc()分配了 4 个 int 的内存空间，然后又用函数 realloc() 将空间扩大为 8 个。当使用函数 realloc()重新分配空间时，不会破坏原有空间的内容。执行 结果如下：

```
1       2       3
1       2       3       4       5       6       7       8
```

# 第 **14** 章

## 开发窗体程序

在 Windows 环境下，多数应用程序都是基于窗体的，例如 Office、QQ 等，所以窗体应用是十分重要的编程模块之一。本书前面的内容讲解的都是基于命令行的控制台应用程序，本章将引领读者步入窗体世界，学习开发 Windows 窗体程序的知识。

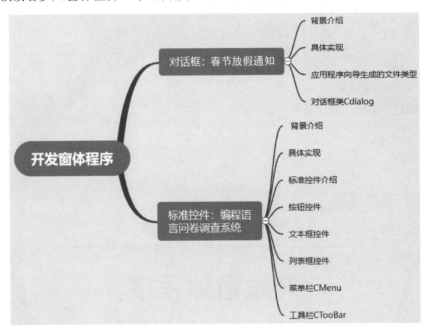

# 14.1 对话框：春节放假通知

扫码看视频

## 14.1.1 背景介绍

春节将至，为了让大家有充分的时间与家人团聚、享受节日氛围，单位 A 决定安排春节放假。在这个温馨的节日里，我们希望每一位员工都能够放松心情，尽情享受团圆的时刻。请使用 C++程序设计一个通知面板，展示放假的通知信息。

## 14.1.2 具体实现

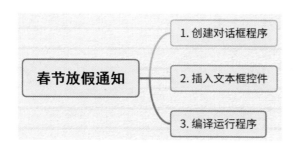

项目 14-1 春节放假通知( 源码路径：daima/14/Dialog)

本项目使用 MFC 应用程序向导创建一个基于对话框的应用程序，具体实现流程如下：

（1）MFC 应用程序向导创建一个名字为"Dialog"的工程，在创建向导的第一步选择"基本对话框"单选框，如图 14-1 所示。其余步骤按照默认选项创建一个简单的基于对话框应用程序。

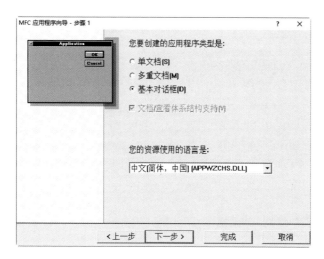

图 14-1 选择创建基于对话框的应用程序

(2) 在对话框应用程序创建完成后，弹出如图 14-2 所示的对话框编辑器和控件工具栏界面，此时可以根据程序具体功能要求添加代码。

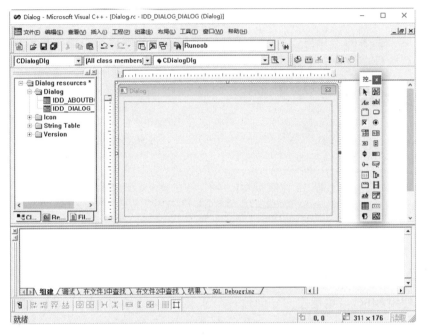

**图 14-2　对话框应用程序开发界面**

(3) 右击图 14-2 中的对话框，在弹出菜单中选择"属性"后弹出"对话 属性"对话框，在"标题"文本框中可以设置当前对话框的标题，例如将图 14-3 中的"这是一个对话框"修改为"春节放假通知"。

(4) 向窗体中插入一个静态文本控件，然后设置"属性"中的标题为"春节假期为 1月 10 日到 2 月 10 日！"，如图 14-4 所示。

**图 14-3　"对话 属性"对话框**

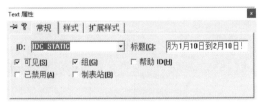

**图 14-4　设置通知内容**

(5) 编译执行后的结果如图 14-5 所示。

图 14-5　执行效果

## 14.1.3　应用程序向导生成的文件类型

在 Windows 应用程序中，窗体是向用户展示信息的视图界面。通常窗体通过标题、控制框、边框等元素实现窗体展示和控制。在面向对象编程语言中，将窗体视为一个对象。在使用 C++语言开发 Windows 窗体程序的众多方法中，最常用的方法是使用微软提供的 MFC。MFC 是 Microsoft Foundation Classes(微软基础类库)英语的简称，是微软公司提供的一个类库(class libraries)，以 C++类的形式封装了 Windows API，并且包含一个应用程序框架，以减少应用程序开发人员的工作量。其中包含大量 Windows 句柄封装类和很多 Windows 的内建控件和组件的封装类。

在使用 MFC 应用程序向导创建一个 ".exe" 格式可执行桌面程序后，会在本地硬盘中为这个工程项目中生成一系列的文件，例如头文件、源文件、资源文件等，这些文件都放在项目中的独立文件夹内，它们各自发挥着不同的作用。在表 14-1 中列出了 MFC 应用程序向导生成的常用文件类型和作用。

表 14-1　Visual C++中常用的文件类型和作用

| 文件后缀名 | 类　　型 | 主要作用 |
| --- | --- | --- |
| dsw | 工作区文件 | 将项目的详细情况组合到 Workspace 工作区中 |
| dsp | 项目文件 | 存储项目的详细情况并代替 mak 文件 |
| h | C++头文件 | 存储类的定义代码 |
| cpp | C++源文件 | 存储类的成员方法的实现代码 |
| rc | 资源脚本文件 | 存储菜单、工具栏和对话框等资源 |
| rc2 | 资源文件 | 用来将资源包含到项目中 |

| 文件后缀名 | 类型 | 主要作用 |
|---|---|---|
| ico | 图标文件 | 存储应用程序图标 |
| bmp | 位图文件 | 存储位图 |
| clw | Class Wizard 类向导文件 | 存储 Class Wizard 类向导使用的类信息 |
| ncb | 没有编译的浏览文件 | 保留 Class View 和 Class Wizard 使用的详细情况 |

## 14.1.4 对话框类 CDialog

对话框是一种常见的用户界面，在 Windows 桌面程序中经常用到对话框。在 MFC 中提供了内置的对话框控件，可以帮助开发者快速开发出需要的对话框应用程序。项目 14-1 中，使用对话框类 CDialog 实现了一个对话框程序。

在 MFC 程序中，类 CDialog 是所有对话框类的基类，它定义了一个构造方法和一个 Create 成员方法来创建对话框。构造方法根据对话框模板 ID 来访问对话框资源，经常用于构造一个给予资源的模态对话框。在类 CDialog 中内置了多个管理对话框成员的方法，主要内置方法如表 14-2 所示。

表 14-2　CDialog 类的主要内置方法

| 成员方法 | 功能简介 |
|---|---|
| CDialog::CDialog() | 通过调用该构造方法，根据对话框资源模板定义一个对话框 |
| CDialog::DoModal() | 激活模态对话框 |
| CDialog::Create() | 创建非模态对话框窗口 |
| CDialog::OnOK() | 单击 OK 按钮所调用的方法 |
| CDialog::OnCancel() | 单击 Cancel 按钮调用的方法 |
| CDialog::OnInitdialog() | WM_INITDIALOG 消息处理方法，显示对话框时调用该方法完成初始化工作 |
| CDialog::EndDialog() | 用关闭模态对话框窗口 |

## 14.2　标准控件：编程语言问卷调查系统

扫码看视频

### 14.2.1　背景介绍

　　某知名技术社区正在举行"2023 你最爱的编程语言问卷调查"活动，广大网友可以从 C++、Java、Python、C、C#、PHP 中选择一个或多个选项作为自己最喜欢的编程语言，活动截止日期是 12 月 31 日。请使用 C++设计一个窗体程序，实现问卷调查的 UI 界面功能。

### 14.2.2　具体实现

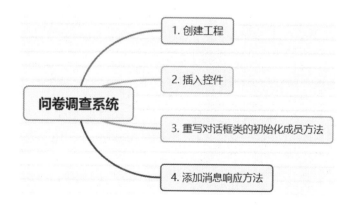

项目 14-2 编程语言问卷调查系统( 源码路径：daima/14/ListBox_Dlg)

(1) 使用 MFC 应用程序向导创建一个名字为"ListBox_Dlg"的工程。

(2) 在 Visual C++6.0 的资源编辑器编辑对话框中分别添加一个列表框控件、一个编辑框控件，如图 14-6 所示。

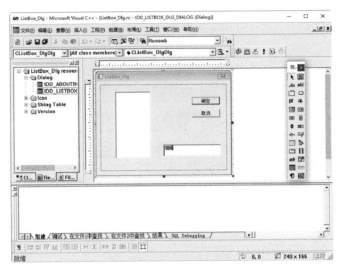

图 14-6 设计对话框资源

(3) 为列表框控件添加成员变量 CString m_strList，CListBox m_ListBox。

(4) 重写对话框类的初始化成员方法，代码如下：

```
for(int i=0; i<6; i++)
{
    switch(m_Sel[i])
    {
    case 0:
        m_Str += "C++ ";break;
    case 1:
        m_Str += "Java ";break;
    case 2:
        m_Str += "Python ";break;
    case 3:
        m_Str += "C ";break;
    case 4:
        m_Str += "C# ";break;
```

```
case 5:
    m_Str += "PHP ";break;
default:
    break;
    }
}
```

(5) 添加列表框控件的双击消息响应方法，代码如下：

```
void CListBox_DlgDlg::OnDblclkList1()
{
    UpdateData(TRUE);
    m_Str = "";
    int m_iSelCount = m_ListBox.GetSelCount();
    int m_Sel[6];
    m_ListBox.GetSelItems(6, m_Sel);
```

编译运行程序，双击列表框中的某个颜色后，会使用 AddString()方法向文本框中插入被双击编程语言对应的值。例如先后双击"C++"和"Java"后的执行结果如图 14-7 所示。

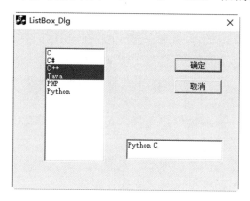

图 14-7 执行结果

## 14.2.3 标准控件介绍

我们可以在对话框中添加一些内容，例如文字、按钮等，这些内容可以通过 MFC 的内置控件来实现。Windows 提供的控件有两类：标准控件和公共控件。标准控件包括静态控件、文本框、按钮、列表框、组合框和滚动条等。利用标准控件可以满足大部分用户界面程序设计的要求，例如文本框用于输入用户数据，复选框用于选择不同的选项，列表框用于选择要输入的信息。在集成开发工具 Visual C++ 6.0 和 Microsoft Visual Studio 中都提供了一个工具箱，里面包含了所有的标准控件，如图 14-8 所示。开发者可以直接用光标将用到的控件拖拽到对话框中。

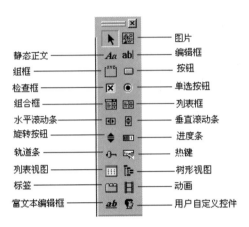

图 14-8　控件面板

## 14.2.4　按钮控件

按钮是指可以响应单击的小矩形子窗口，在 MFC 中，按钮控件包括命令按钮 (Pushbutton)、复选框(Check Box)、单选按钮(Radio Button)，简述如下：

✧ 命令按钮：对用户的单击做出反应并触发相应的事件，在按钮中既可以显示正文，也可以显示位图。

✧ 复选框：提供多个选项供用户选择，可以同时选择多个选项，每个选项有选中、不选中和不确定三种状态。

✧ 单选按钮：一般都是成组出现的，具有互斥的性质，即同组单选按钮中只能有一个是被选中的。组框将相关的一些控件聚成一组。

MFC 中的内置类 CButton 封装了按钮控件，类 CButton 中主要的成员方法如下：

✧ GetState 方法：用于返回按钮控件的各种状态，原型如下：

```
UINT GetState( ) const;
```

✧ SetState 方法：原型如下：

```
void SetState(BOOL bHighlight);
```

当参数 bHighlight 值为 TRUE 时，该方法将按钮设置为高亮度状态，否则去除按钮的高亮度状态。

✧ GetCheck 方法：用于返回检查框或单选按钮的选择状态，原型如下：

```
int GetCheck( ) const;
```

返回值 0 表示按钮未被选择，1 表示按钮被选择，2 表示按钮处于不确定状态(仅用于检查框)。

◆　SetCheck 方法：原型如下：

```
void SetCheck(int nCheck);
```

设置检查框或单选按钮的选择状态。参数 nCheck 值的含义与 GetCheck 返回值相同。

◆　SetButtonStyle 方法：用于设置按钮的风格，原型如下：

```
void SetButtonStyle(UINT nStyle, BOOL bRedraw = TRUE);
```

参数 nStyle 指定了按钮的风格。bRedraw 为 TRUE 则重绘按钮，否则就不重绘。

◆　SetBitmap 方法：用于设置按钮显示的位图，原型如下：

```
HBITMAP SetBitmap(HBITMAP hBitmap);
```

参数 hBitmap 指定了位图的句柄。该方法还会返回按钮原来的位图。

◆　GetBitmap 方法：用于返回以前用 SetBitmap 设置的按钮位图，原型如下：

```
HBITMAP GetBitmap( ) const;
```

◆　SetIcon 方法：用于设置按钮显示的图标，原型如下：

```
HICON SetIcon(HICON hIcon);
```

参数 hIcon 指定了图标的句柄。该方法还会返回按钮原来的图标。

◆　GetIcon 方法：用于返回以前用 SetIcon 设置的按钮图标，原型如下：

```
HICON GetIcon( ) const;
```

## 14.2.5　文本框控件

文本框控件(Edit Box)实际上是一个简易的文本编辑器，用户可以在文本框中输入并编辑文本。文本框既可以是单行的，也可以是多行的，多行文本框从零开始编行号。在一个多行文本框中，除了最后一行外，每一行的结尾处都有一对回车换行符(用"\r\n"表示)，这对回车换行符是正文换行的标志。

在 MFC 中，类 CEdit 封装了文本框控件。CEdit 类的成员方法 Create()负责创建文本框，该方法的原型如下：

```
BOOL Create(DWORD dwStyle, const RECT& rect, CWnd* pParentWnd, UINT nID);
```

其中参数 dwStyle 指定了文本框控件风格，具体信息如表 14-3 所示。

表 14-3　文本框控件的风格

| 控件风格 | 含　义 |
| --- | --- |
| ES_AUTOHSCROLL | 当用户在行尾输入一个字符时，正文将自动向右滚动 10 个字符，当用户按 Enter 键时，正文总是滚向左边 |
| ES_AUTOVSCROLL | 当用户在最后一个可见行按 Enter 键时，正文向上滚动一页 |
| ES_CENTER | 在多行文本框中使正文居中 |
| ES_LEFT | 左对齐正文 |
| ES_LOWERCASE | 把用户输入的字母统统转换成小写字母 |
| ES_MULTILINE | 指定一个多行编辑器。若多行编辑器不指定 ES_AUTOHSCROLL 风格，则会自动换行，若不指定 ES_AUTOVSCROLL，则多行编辑器会在窗口中正文装满时发出警告声响 |
| ES_NOHIDESEL | 缺省时，当文本框失去输入焦点后会隐藏所选的正文，当获得输入焦点时又显示出来。设置该风格可禁止这种缺省行为 |
| ES_OEMCONVERT | 使文本框中的正文可以在 ANSI 字符集和 OEM 字符集之间相互转换。这在文本框中包含文件名时是很有用的 |
| ES_PASSWORD | 使所有输入的字符都用"*"来显示 |
| ES_RIGHT | 右对齐正文 |
| ES_UPPERCASE | 把用户输入的字母统统转换成大写字母 |
| ES_READONLY | 将文本框设置成只读的 |
| ES_WANTRETURN | 使多行编辑器接收 Enter 键输入并换行。如果不指定该风格，按 Enter 键会选择缺省的命令按钮，这往往会导致对话框的关闭 |

## 14.2.6　列表框控件

在桌面应用程序中，列表框主要用于接受用户的输入信息，允许用户从所列出的表项中进行单项或多项选择，被选择的项呈高亮度显示。列表框具有边框，并带有一个垂直滚动条。列表框分单选列表框和多重选择列表框两种。单选列表框一次只能选择一个列表项，而多重选择列表框可以进行多重选择。

在 MFC 中，类 CListBox 封装了列表框的功能，类 CListBox 中的常用内置方法如下：

◇　AddString 方法：原型如下：

```
int AddString(LPCTSTR lpszItem);
```

该方法用来往列表框中加入字符串，其中参数 lpszItem 指定了要添加的字符串。方法的返回值是加入的字符串在列表框中的位置，如果发生错误，会返回 LB_ERR 或 LB_ERRSPACE(内存不够)。

❖　InsertString 方法：原型如下：

```
int InsertString(int nIndex, LPCTSTR lpszItem);
```

该方法用来在列表框中的指定位置插入字符串。参数 nIndex 给出了插入位置(索引)，如果值为-1，则字符串将被添加到列表的末尾。参数 lpszItem 指定了要插入的字符串。方法返回实际的插入位置，若发生错误，会返回 LB_ERR 或 LB_ERRSPACE。

❖　DeleteString 方法：原型如下：

```
int DeleteString(UINT nIndex);
```

该方法用于删除指定的列表项，其中参数 nIndex 指定了要删除项的索引。方法的返回值为剩下的表项数目，如果 nIndex 超过了实际的表项总数，则返回 LB_ERR。

❖　GetCount 方法：原型如下：

```
int GetCount( ) const;
```

该方法返回列表项的总数，若出错则返回 LB_ERR。

❖　FindString 方法：原型如下：

```
int FindString(int nStartAfter, LPCTSTR lpszItem) const;
```

该方法用于对列表项进行与大小写无关的搜索。参数 nStartAfter 指定了开始搜索的位置，合理指定 nStartAfter 可以加快搜索速度，若 nStartAfter 为-1，则从头开始搜索整个列表。参数 lpszItem 指定了要搜索的字符串。方法返回与 lpszItem 指定的字符串相匹配的列表项的索引，若没有找到匹配项或发生了错误，方法会返回 LB_ERR。FindString 方法先从 nStartAfter 指定的位置开始搜索，若没有找到匹配项，则会从头开始搜索列表。只有找到匹配项，或对整个列表搜索完一遍后，搜索过程才会停止，所以不必担心会漏掉要搜索的列表项。

❖　GetText 方法：原型如下：

```
int GetText(int nIndex, LPTSTR lpszBuffer) const;
```

该方法用于获取指定列表项的字符串。参数 nIndex 指定了列表项的索引。参数 lpszBuffer 指向一个接收字符串的缓冲区。

❖　GetTextLen 方法：原型如下：

```
int GetTextLen(int nIndex) const;
```

该方法返回指定列表项的字符串的字节长度。参数 nIndex 指定了列表项的索引。若出错则返回 LB_ERR。

◇ GetItemData 方法：原型如下：

```
DWORD GetItemData(int nIndex) const;
```

每个列表项都有一个 32 位的附加数据。该方法返回指定列表项的附加数据，参数 nIndex 指定了列表项的索引。若出错则方法返回 LB_ERR。

◇ SetItemData 方法：原型如下：

```
int SetItemData(int nIndex, DWORD dwItemData);
```

该方法用来指定某一列表项的 32 位附加数据。参数 nIndex 指定了列表项的索引。dwItemData 是要设置的附加数据值。

◇ GetTopIndex 方法：原型如下：

```
int GetTopIndex( ) const;
```

该方法返回列表框中第一个可见项的索引，若出错则返回 LB_ERR。

◇ SetTopIndex 方法：原型如下：

```
int SetTopIndex(int nIndex);
```

该方法用来将指定的列表项设置为列表框的第一个可见项，该方法会将列表框滚动到合适的位置。参数 nIndex 指定了列表项的索引。若操作成功，方法返回 0 值，否则返回 LB_ERR。

---

📖 练一练

14-1：分别创建按钮和文本框(📃源码路径：daima/14/SDI_Dlg)

14-2：设置圆的半径(📃源码路径：daima/14/CCircleDraw)

---

## 14.2.7 菜单栏 CMenu

在 Windows 应用程序中，菜单的构成分为两部分：顶层菜单和弹出式菜单。顶层菜单是指出现在应用程序的主窗口或最上层窗口的菜单，弹出式菜单通常指选择顶层菜单或者一个菜单项，或者右击时，弹出的子菜单。在 MFC 中，通过菜单类 CMenu 创建菜单。

在菜单类 CMenu 中提供了大量的成员方法以用于创建、追踪、更新及销毁菜单，其中常用的内置方法如下：

◇ 构造方法：

➤ CMenu：构造一个 CMenu 对象。

❖　初始化方法：

➢　Attach：附加一个 Windows 菜单句柄给 CMenu 对象。

➢　Detach：从 CMenu 对象中分离 Windows 菜单的句柄，并返回该句柄。

➢　FromHandle：返回一个指向给定 Windows 菜单句柄的 CMenu 对象的指针。

➢　GetSafeHmenu：返回由 CMenu 对象包含的 m_hMenu 值。

➢　DeleteTempMap：删除由 FromHandle 成员方法创建的所有临时 CMenu 对象。

➢　CreateMenu：创建一个空菜单，并将其附加给 CMenu 对象。

➢　CreatePopupMenu：创建一个空的弹出菜单，并将其附加给 CMenu 对象。

➢　LoadMenu：从可执行文件中装载菜单资源，并将其附加给 CMenu 对象。

➢　LoadMenuIndirect：从内存的菜单模板中装载菜单，并将其附加给 CMenu 对象。

➢　DestroyMenu：销毁附加给 CMenu 对象的菜单，并释放菜单占用的内存。

❖　菜单操作方法：

➢　DeleteMenu：从菜单中删除指定的项。如果菜单项与弹出菜单相关联，那么将销毁弹出菜单的句柄，并释放它占用的内存。

➢　TrackPopupMenu：在指定的位置显示浮动菜单，并跟踪弹出菜单的选择项。

❖　菜单项操作方法：

➢　AppendMenu：在该菜单末尾添加新的菜单项。

➢　CheckMenuItem：在弹出菜单的菜单项中放置或删除检测标记。

➢　CheckMenuRadioItem：将单选按钮放置在菜单项之前，或从组中所有的其他菜单项中删除单选按钮。

➢　SetDefaultItem：为指定的菜单设置缺省的菜单项。

➢　GetDefaultItem：获取指定的菜单缺省的菜单项。

➢　EnableMenuItem：使菜单项有效、无效或变灰。

➢　GetMenuItemCount：决定弹出菜单或顶层菜单的项数。

➢　GetMenuItemID：获取位于指定位置菜单项的菜单项标识。

➢　GetMenuState：返回指定菜单项的状态或弹出菜单的项数。

➢　GetMenuString：获取指定菜单项的标签。

➢　GetMenuItemInfo：获取有关菜单项的信息。

➢　GetSubMenu：获取指向弹出菜单的指针。

➢　InsertMenu：在指定位置插入新菜单项，并顺次下移其他菜单项。

➢　ModifyMenu：改变指定位置的已存在的菜单项。

> RemoveMenu：从指定的菜单中删除与弹出菜单相关联的菜单项。
>
> SetMenuItemBitmaps：将指定检测标记的位图与菜单项关联。
>
> GetMenuCountextHelpID：获取与菜单关联的帮助文本的 ID 号。
>
> SetMenuCountextHelpID：设置与菜单关联的帮助文本的 ID 号。

**实例 14-1** 创建一个菜单(源码路径：daima/14/SDI_Samp)

(1) 打开 MFC 应用程序向导，选择 MFC AppWizard[exe]，在"工程名称"文本框中输入"SDI_Samp"，然后选择相应的路径。

(2) 在"MFC 应用程序向导-步骤 1"对话框中选择"单文档"按钮。

(3) 后面的 MFC 应用程序向导步骤使用默认选项，最终成功创建一个可执行的 MFC 桌面程序，

(4) 依次单击 Visual C++ 6.0 顶部菜单中的"查看""建立类向导"命令，在"Class name"下拉列表框中选择将要增加菜单命令消息处理的类，本例中选择 CMainFrame。在 Object IDs 中选择菜单项 ID_TESTMENU，在 Messages 列表框中选择 COMMAND。然后单击 Add Function 按钮，弹出方法名称确认对话框，接受默认的方法名(用户也可以进行修改)，单击"确定"按钮，如图 14-9 所示。

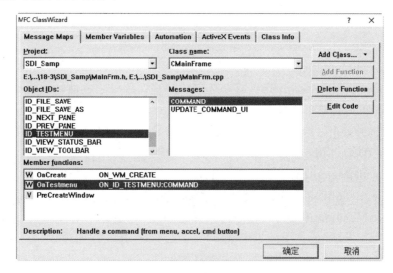

图 14-9　增加菜单命令处理方法

(5) 单击 Edit Code 按钮，增加如下代码：

```
void CMainFrame::OnTestmenu()
```

```
{
    MessageBox("这是我设计的一个菜单!");
}
```

编译运行后，在顶部显示刚刚创建的新菜单"测试菜单"，单击"测试菜单"菜单项后弹出的运行结果如图 14-10 所示。

**图 14-10　程序运行结果**

📖🔍 练一练

14-3：创建级联菜单(🔑源码路径：daima/14/MenuChild)

14-4：创建一个弹出式菜单(🔑源码路径：daima/14/TestMenu1)

## 14.2.8　工具栏 CTooBar

在 Windows 应用程序中，工具栏一般位于主框架窗口上部，其中排列着一些图标按钮，称为工具栏按钮。工具栏按钮的 ID 通常与菜单项的 ID 相互对应，当用户单击某一按钮时，程序就会执行相应的菜单项功能；当光标在按钮上停留片刻后，会弹出小窗口显示工具栏按钮的提示。

在 MFC 中，工具栏由类 CTooBar 来实现，此类是 CControlBar 的派生类。在 MFC 应用程序中，工具栏的创建工作由方法 CMainFrame::OnCreate()实现，MFC AppWizard 会为应用程序创建一个默认的工具栏，该工具栏上排列着一些常用的文件操作、文本剪贴操作等按钮，一个应用程序可以存在多个工具栏。

实例14-2 创建一个工具栏(源码路径：daima/14/TestMenu)

（1）打开 MFC 应用程序向导，选择 MFC AppWizard[exe]，在"工程名称"文本框中输入 TestMenu，然后选择相应的路径。

（2）在"MFC 应用程序向导-步骤 1"对话框中选择"单文档"按钮，后面的 MFC 应用程序向导步骤使用默认选项，最终成功创建一个可执行的 MFC 桌面程序。

（3）在 Resource View 面板中找到 TooBar，然后双击 Toolbar 里面的工具栏资源"IDR_MAINFRAME"，打开如图 14-11 所示编辑界面。

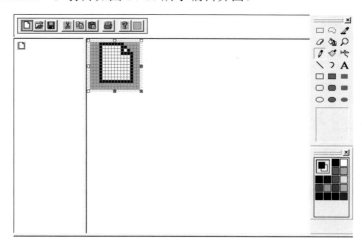

图 14-11　工具栏编辑窗口

（4）在空白按钮上添加图形"T"，双击该按钮，弹出"工具栏按钮 属性"对话框，设置 ID 标识，如图 14-12 所示。

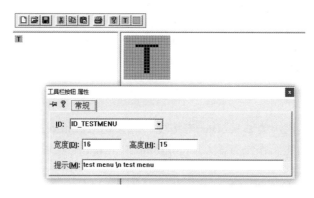

图 14-12　"工具栏按钮 属性"对话框

(5)　在 CMainFrame 类中定义新建工具栏的变量 m_wndToolBar2。

(6)　重载类 CMainFrame 中的 OnCreate 方法，创建新的工具栏，并停靠到窗口顶部。

编译运行程序，会在程序顶部菜单栏中显示新创建的菜单图表"T"，单击图表"T"后弹出的运行结果如图 14-13 所示。

图 14-13　添加新工具栏后的运行结果

练一练

14-5：绘制两个矩形(源码路径：daima/14/SDI_Brush)

14-6：使用字体对话框设置字体(源码路径：daima/14/SDI_FontDlg)